KB107597

차세대
반도체

차세대 반도체

석민구·신창환·권석준 지음

CHEY 최종현학술원   플루토

발간사

최종현학술원은 2018년 설립 이래 과학기술 혁신의 궤적, 지정학 리스크, 과학기술 혁신과 지정학 리스크의 상호작용을 분석하고, 미래를 향한 대응책을 마련하기 위해 다양한 활동을 펼쳐왔습니다. '과학기술 혁신 시리즈'는 첨단 과학기술 분야 세계 최고 석학의 강연을 글로 정리하여 출간함으로써 각계각층 독자들께 정확하고 정제된 정보를 전달하고자 하는 학술원의 의지와 노력을 담은 프로젝트입니다. 이러한 정성을 알아봐주시고, 해당 분야 입문서로서 널리 활용해주신 독자들의 사랑에 힘입어 올해도 또 한 권의 단행본을 선보이게 되어 매우 기쁩니다.

이번에 출간한《차세대 반도체》는 2023년 4월 개최한 최종현학술원 과학혁신 시리즈 17차 '차세대 반도체 기술과 미래' 웨비나 내용을 재구성한 책입니다. 이 책은 차세대 반도체 산업이 맞이할 변화의 소용돌이를 다각적으로 분석하고 있습니다. 기술 면에서는 로직^{logic}과 메모리^{memory}로 구분된 전통적인 범용 반도체를 초월하여 특정 연산을 위한 맞춤형 반도체 설계 전략 및 소자 공정 혁신 동향을 소개합니다. 산업 면에서는 글로벌 빅테크 기업들의 자사 제품 전용 칩 설계 트렌드, 첨단 반도체 제조 공정 혁신 전망, 미·중 패권 경쟁과 반도체 공급망 재편 움직임 속에서 한국 반도체 산업 정책이 나아갈 방향에 대한 고민을 담았습니다. 나아가 저전력·저전압 반도체 소자 등을 활용한 첨단 제조 기술이 에너지와 환경 문제 해결에 어떻게 기여할 수 있는지도 다루었습니다.

1958년 12월 워싱턴에서 열린 전자공학 학회에서 미래 반도체 산업의 거인이 될 모리스 창Morris Chang(TSMC 창립자), 고든 무어Gordon E. Moore와 로버트 노이스Robert N. Noyce(인텔Intel 공동 창립자)가 맥주 한잔 후 함께 노래 부르며 거리를 거닐 때 이들의 잠재력을 알아본 사람이 있었을까요? 이 책을 접하는 많은 독자 중에도 아직 세상이 알아차리지 못한 역사적 대전환의 주인공이 있을지도 모릅니다. 이 책이 새로운 시대, 새로운 거인의 탄생에 일조할 수 있다면 큰 보람이겠습니다.

바쁜 일정 속에서도 심도 있는 강연과 치열한 토론으로 기꺼이 수고해주신 석민구 교수, 신창환 교수, 권석준 교수께 깊이 감사드립니다. 아울러 출간 직전까지 완성도 높은 책 한 권을 위해 편집에 애써주신 플루토 출판사 여러분과 학술원 과학혁신1팀 직원들에게도 감사를 표합니다.

최종현학술원장 박인국

차례

1장

최신 반도체
집적회로 설계 동향

석민구 | 컬럼비아대학교 전기공학부 교수

석민구

현現 미국 컬럼비아대학교 전기공학부 교수

서울대학교 전기공학부 학사
미국 미시간대학교 전기공학부 석사, 박사
2015년 미국과학재단NSF 젊은과학자상CAREER Award 수상
전기전자공학자협회IEEE 시니어 멤버
반도체회로학회SSCS 저명강연자Distinguished Lecturer

작지만 큰 존재, 반도체

요즘은 거의 매일 뉴스에 반도체 관련 소식이 나옵니다. 반도체 기업 주가부터 시작해서 산업 정책, 통상, 외교에 이르는 광범위한 영역에서 어떻게 하나의 기술이 이처럼 이슈를 몰고 다니는지 신기할 정도지요. 많은 기술 분야 중에서도 반도체에 관심이 집중되는 이유는 무엇일까요? 저는 크게 3가지라고 생각합니다.

첫 번째 이유는 무척 많은 제품에 반도체가 들어가기 때문입니다. 가전제품, 스마트폰, 컴퓨터, 자동차, 모바일 기지국, 전력망 등 크기와 종류를 막론하고 전기가 통하는 거의 모든 것에 필수적인 부품입니다. 두 번째 이유는 시장 규모가 어마어마하기 때문입니다. 2022년 한 해 전 세계 반도체 관련 매출은 6,000억 달러, 한화로 780조 원에 이릅니다. 한국의 국내총생산GDP이 2,000조 원인 것을 생각하면 반도체 시장이 얼마나 큰지 실감할 수 있지요. 마지막으로 군사 안보적 중요성을 빼놓을 수 없습니다. 제2차 세계대전에서 연합군이 승리한 비결을 압도적인 전차 생산량에서 찾는 분석도 있을 만큼 당대의 첨단 기술은 군사력과 국가 안보에 큰 영향을 끼칩니다. 반도체 기술은 미사일, 전투기를 포함한 최신 무기 체제 전반에서 핵심 역할을 하고 있습니다.

반도체 3대장 ─ 로직, 메모리, 아날로그

오늘날 반도체 분야의 기술 혁신은 로직^{logic}, 메모리^{memory}, 아날로그^{analog} 3가지를 중심으로 일어나고 있습니다. 모두 트랜지스터^{transistor}나 커패시터^{capacitor} 등의 여러 소자^{device}를 칩 하나에 집적하는 형태이지요. 이 외에 개별^{discrete} 반도체라는 개념도 있는데, 고유 기능이 있는 소자 하나를 칩 하나로 구현한 것을 일컫습니다.

로직 반도체는 논리 연산을 수행하는 제품군으로, 마이크로프로세서^{microprocessor}, 그래픽 처리 장치$^{graphics\ processing\ unit,\ GPU}$, FPGA$^{field-programmable\ gate\ array}$ 등을 포함합니다. 시장에서 요구하는 기능이 날로 복잡해지기 때문에 이 반도체는 설계부터 제조까지 매우 까다로운 과정을 거쳐야 하지요. 설계자는 컴퓨터 아키텍처^{architecture}, 컴퓨터 지원 설계를 뜻하는 캐드$^{computer-aided}$

design, CAD, 소프트웨어 전반에 대한 지식이 풍부해야 하고, 생산에도 5나노미터^{nm}(이하 나노로 표기), 3나노 같은 최신 공정이 필요합니다. 그만큼 연구 개발과 생산에 많은 기술 역량과 비용이 들어갑니다.

메모리 반도체의 대표는 D램$^{dynamic\ random-access\ memory,\ DRAM}$과 낸드 플래시$^{NAND\ flash}$입니다. 단어 뜻 그대로 저장 기능을 담당하지요. 단위 면적당 저장 용량을 높이기 위해 갈수록 첨단 제조 공정에 크게 의존하고 있지만, 같은 구조가 반복되는 형태이기 때문에 로직 칩에 비해서는 설계하기 쉽습니다. 또한 로직 칩과 달리 설계 과정에서 컴퓨터 아키텍처, CAD, 소프트웨어와 관련한 제반 지식이 많이 필요하지는 않습니다.

아날로그 반도체에는 이미지 센서, 아날로그-디지털 변환기$^{analog-to-digital\ converter,\ ADC}$ 등이 있습니다. 빛, 소리, 온도, 압력 등 아날로그 형태로 들어오는 물리적 신호를 디지털 신호로 바꿔주는 역할을 합니다. 이 제품군은 생산 과정에 최신 공정이 필요하지는 않은 반면, 설계 노하우가 굉장히 중요합니다. 설계자가 회로를 어떻게 그리는가에 따라서 칩의 성능과 특성이 크게 달라지기 때문에 예술에 가까운 감각이 필요하지요. 아주 자세한 설계도가 없다면 모방하기도 어렵습니다. 로직 칩이나 메모리 칩과 구별되는 또 다른 점은 다품종 소량 생산이라는 점입니다. 메모리 칩과 비슷하게 아날로그 칩 설계에도 컴퓨터 아키텍처, CAD, 소프트웨어 관련 지식이 많이 필요하지는 않습니다.

로직 칩 기술 동향 — 최첨단을 향한 전방위 노력

　　로직 칩은 가깝게는 개인용 컴퓨터personal computer, PC부터 데이터 센터, 클라우드 컴퓨터, 그리고 흔히 슈퍼컴퓨터라고 부르는 고성능 컴퓨터에 이르는 다양한 기기의 연산 처리를 담당합니다. 2020년 기준으로 중앙처리장치central processing unit, CPU의 전체 시장 크기는 850억 달러였고, 연평균 성장률cumulative annual growth rate, CAGR은 4 %였습니다. GPU의 시장 크기는 2020년 기준으로 250억 달러였는데, 인공지능artificial intelligence, AI과 기계학습machine learning, ML 분야의 상승세에 힘입어 30 %가 넘는 연평균 성장률을 기록했습니다. 이런 추세가 앞으로 4~5년 이상 지속된다면 2028년에는 시장 규모가 2,500억 달러에 이를 것입니다. 로직 칩 시장을 주도하는 기업은 인텔Intel, AMDAdvanced Micro Devices, 엔비디아NVIDIA가 대표적이고, 그 외에도 한국의 사피온SAPEON 등 많은 스타트업이 세계 각국에 포진하고 있습니다.

　　로직 칩 시장을 주도하는 연구 개발 동향은 어떨까요? 우선 새로운 미세화scaling 공정이 등장할 때마다 꾸준히 업데이트할 필요가 있는 설계 쪽에서는 설계 단계부터 최신 공정의 장점을 최대한 이끌어내려고 노력하고 있습니다. 설계뿐만 아니라 패키징packaging 기술도 갈수록 중요해지고 있습니다. 패키징은 여러 칩을 연결하여 하나로 통합하는 공정입니다. 칩 면적이 클수록 더 다양한 기능을 추가할 수 있습니다. 그러나 모든 기능을 하나의 칩에 추가하기 어렵기 때문에 여러 개의 칩을 이어 붙이는 방식을 많이 사용합니다. 또한 로직 칩을 연구 개발하는 기업들은 더 많은 연산용 코어core와 메모리를 사용하기 위해 노력하고 있습니다. 컴퓨터 구조로 인해 메모리 칩은 보통 로직 칩과 10~20 cm 떨어져 있기 때문에 두 칩 사이의 통신 속도를 높이기 위한 연구도 굉장히 활발합니다. 또 발열량을 줄이고 열이 원활하게 발산되도록 하여 내구성을 높이고, 전력을 효율적으로 공급하는 방법도 꾸준히 연구되고 있습니다.

CPU와 GPU를 하나의 칩에?

엔비디아에서 선보인 그레이스 호퍼[1] 슈퍼칩Grace Hopper Superchip은 로직 칩 분야의 최신 기술을 집약한 제품입니다(그림 1-1). 범용 PC가 아니라 대규모 AI 연산을 지원하기 위해 개발했지요. 이전까지는 일반적으로 CPU와 GPU가 별개의 칩으로 나뉘어 있었지만, 그레이스 호퍼 슈퍼칩에서는 2가지가 하나의 패키지 안에 통합되어 있습니다. 엔비디아는 CPU와 GPU의 통신에 'NV링크NVLink'라는 독점 기술을 사용했습니다. 이 칩은 첨단

---

1 — 그레이스 호퍼Grace Brewster Murray Hopper(1906~1992). 미국 컴퓨터과학자, 수학자이자 해군 제독으로 프로그래밍 언어 코볼COBOL 개발을 주도했다. 오늘날 사용되는 현대적 프로그래밍 방법론을 처음 체계화한 인물로 평가받는다.

기술의 집약체인 만큼 시장 가격을 무척 높게 형성할 전망입니다. 그리고 기업 간 거래를 통해서만 판매할 가능성이 높습니다.

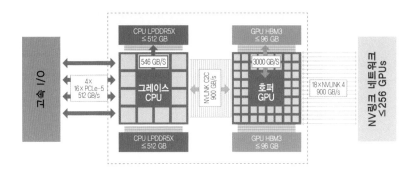

그레이스 CPU 제원

· 72코어

· 512 GB LPDDR5X 메모리 @ 546 GB/s 대역폭

· 64×PCIe Gen5 레인

호퍼 GPU 제원

· 96 GB HBM3 GPU 메모리 @ 3 TB/s 대역폭

NV링크 C2C 성능 제원

· 900 GB/s 대역폭

· 열 설계 전력thermal design power, TDP 1,000 W

| 그림 1-1 | **그레이스 호퍼 슈퍼칩**(엔비디아)

이 칩이 재미있는 점 중 하나는 CPU 아키텍처에 암Arm 기반 코어를 사용했다는 겁니다. 보통 서버나 슈퍼컴퓨터의 CPU에는 인텔의 독점 아키텍처인 x86 표준이 많이 쓰입니다. 하지만 x86을 사용하려면 라이선스 비용이 비싸고, 인텔의 영향력에서 벗어나지 못한다는 단점이 있지요. 암 표준은 주로 스마트폰에 사용되었고, 서버나 슈퍼컴퓨터의 CPU로는 사용되지 않았습니다.

암 표준을 서버나 슈퍼컴퓨터의 CPU로 사용하는 것은, 인텔의 영향력에서 벗어나 독자적으로 CPU 생태계에 진출하겠다는 엔비디아의 야심을 엿볼 수 있는 부분입니다.

암 코어 기반 CPU와 x86 기반 CPU의 성능을 비교하면 어떨까요? 아직까지는 x86이 우세합니다(그림 1-2). x86은 오랫동안 다양하게 개발되면서 최적화가 잘 이루어진 반면, 암은 모바

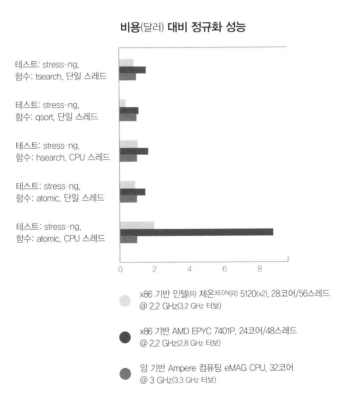

비용(달러) 대비 정규화 성능

테스트: stress-ng, 함수: tsearch, 단일 스레드			
테스트: stress-ng, 함수: qsort, 단일 스레드			
테스트: stress-ng, 함수: hsearch, CPU 스레드			
테스트: stress-ng, 함수: atomic, 단일 스레드			
테스트: stress-ng, 함수: atomic, CPU 스레드			

x86 기반 인텔(R) 제온XEON(R) 5120(x2), 28코어/56스레드 @ 2.2 GHz(3.2 GHz 터보)

x86 기반 AMD EPYC 7401P, 24코어/48스레드 @ 2.2 GHz(2.8 GHz 터보)

암 기반 Ampere 컴퓨팅 eMAG CPU, 32코어 @ 3 GHz(3.3 GHz 터보)

| 그림 1-2 | 가격 대비 성능 비교: x86 기반 CPU vs. 암 기반 CPU

일이 아닌 일반 컴퓨터 CPU에 사용된 지 얼마 되지 않은 탓이 겠지요. 아직 시간이 필요하지만, 전력을 적게 소모하는 암 고유 의 장점을 살리면 CPU 시장에서 점차 영향력이 커질 거라고 생 각합니다.

모바일 기기를 위한 로직 칩

다음으로는 애플리케이션 프로세서application processor, AP를 살 펴보겠습니다. 역시 로직 칩의 한 종류인 AP는 스마트폰이나 태 블릿 PC, 노트북 등 배터리를 전원으로 사용하는 휴대용 기기에 들어갑니다. 2021년 기준 전체 시장 규모는 260억 달러, 연평 균 성장률은 6.7 %입니다.

AP 분야 시장을 주도하는 기업은 우리에게 조금은 생소한 대만 미디어텍MediaTek입니다. 많은 사람이 1위라고 생각하는 퀄컴Qualcomm은 2위를 차지하고 있지요. 흥미롭게도 AP 생산량 3위는 애플Apple입니다. 애플의 전략은 자사 제품에 자체 생산한 프로세서를 사용하는 것입니다. 중국 유니소크UniSOC, 한국 삼성 전자, 그리고 중국 화웨이Huawei가 투자한 하이실리콘HiSilicon이 생산량에서 애플의 뒤를 잇고 있습니다.

AP 기술도 기본적으로 CPU, GPU와 비슷한 방향으로 발 전하고 있습니다. 다른 점이라면, AP 기술 분야에서는 최소한의 전력으로 연산을 수행하는 칩을 만들기 위한 연구가 무척 활발합니다. 특히 최근 AI, 기계학습 분야가 급격히 성장하기 때문에 에너지 효율이 높은 로직 칩에 대한 수요가 매우 높습니다.

D램 기술 동향 – 속도와 밀도

메모리 칩의 대표 주자인 D램은 컴퓨팅 아키텍처에서 주기억장치main memory 역할을 합니다. 2021년 전체 시장 크기가 1,050억 달러, 연평균 성장률은 8.8 %였습니다. 삼성전자와 SK 하이닉스의 시장점유율이 가장 높고, 미국 마이크론Micron이 세 번째를 차지하고 있습니다.

D램 제조사들은 크게 2가지 방향으로 연구 개발을 하고 있는데, 첫째는 속도 향상입니다. 그래서 더 빠르게 메모리 데이터에 접근하는 새로운 기술 표준이 계속 등장하고 있습니다. 요즘 표준을 보면 데스크톱이나 클라우드 컴퓨터용은 DDRxdouble-data rate x, 스마트폰과 노트북 같은 모바일 기기용은 LPDDRlow-power DDR, GPU용은 GDDRgraphics DDR입니다.

둘째로 중요한 연구 개발 방향은 밀도를 높이는 것입니다. 회로를 더 미세하게 그리면 칩 하나에 더 많은 정보를 저장할 수 있는데, 극자외선extreme ultraviolet, EUV 노광photo lithography 장비를 이용하면 미세 회로를 구현할 수 있습니다. 2021년 10월 삼성전자가 14나노 극자외선 장비로 DDR5 칩 양산에 성공한 이래(그림 1-3) 극자외선 장비를 활용하는 사례가 증가하고 있습니다.

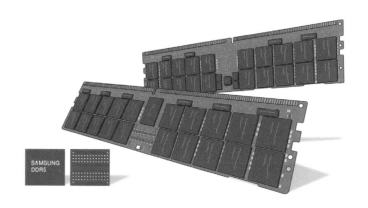

| 그림 1-3 | **삼성전자 14나노 DDR5 칩**

3차원 집적 - 고층 빌딩처럼 쌓아 밀도를 높이다

D램 밀도를 높일 수 있는 또 다른 전략은 3D 집적입니다. 그림 1-4는 고대역폭 메모리high bandwidth memory, HBM를 사용하는 그래픽 카드의 단면도입니다. D램 칩이 하나가 아니라 4층으로 쌓여 있습니다. 층이 4개면 하나일 때보다 같은 단면적 위에 4배 많은 정보를 저장할 수 있지요. 이처럼 3D 집적을 활용하면 메모리 밀도를 획기적으로 증가시킬 수 있습니다.

단순히 위로 쌓는 것에서 더 나아간 설계 방식도 있습니다.

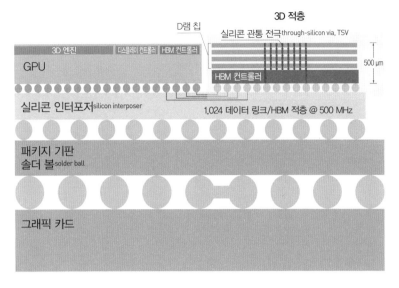

| 그림 1-4 | **고대역폭 메모리가 도입된 그래픽 카드**

바로 D램 안에 로직 회로를 만들어 넣는 프로세싱-인-메모리 processing-in-memory, PIM 방식입니다. 2021년 삼성전자가 HBM-PIM 아키텍처에 채택하여 공개한 기술이지요(그림 1-5). HBM-PIM에서 수직 적층 D램 중 위쪽 4개는 일반 D램이지만, 아래 4개는 PIM 기술로 만들었습니다. PIM 구조에서는 D램이 로직 칩으로부터 독립적으로 일부 연산을 수행할 수 있습니다. 그러면 로직 칩으로 전송하기 전에 D램 내부에서 데이터 크기를 줄일 수 있고, D램과 로직 칩 사이에 필요한 데이터 전송의 양과 횟수도 줄어듭니다. 따라서 관련된 전력 소비량을 아낄 수 있지요.

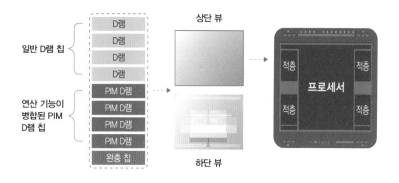

| 그림 1-5 | **HBM-PIM 아키텍처**(삼성전자)

낸드 플래시 기술 동향 - 3D를 넘어 4D로

다음으로 살펴볼 메모리 칩은 낸드 플래시입니다. 주기억장치 역할을 하는 D램과 다르게 낸드 플래시는 비휘발성[2] 대용량 데이터 저장 장치로 쓰입니다. 하드디스크 드라이브hard disk drive, HDD가 대표적이지요. 낸드 플래시 역시 모든 컴퓨팅 시스템에 반드시 필요합니다. 2021년에는 660억 달러의 시장 크기, 5 %의 연평균 성장률을 기록했습니다. 이 분야에서 한국 기업의 약진이 돋보입니다. 주요 생산 기업은 삼성전자, 도시바Toshiba에서 분할한 키옥시아KIOXIA, 마이크론, SK하이닉스, 그리고 중국 양쯔메모리테크놀로지YMTC입니다.

2 ― 전원 공급을 중단해도 저장된 데이터가 소멸하지 않는 성질.

기업들의 가장 중요한 연구 개발 목표는 최대한 빽빽하게 밀도를 높이는 것입니다. 밀도가 높을수록 칩당 생산 단가를 줄일 수 있기 때문입니다. 3D 집적 기술은 앞서 소개한 D램보다 훨씬 앞서 있습니다. 2014년에 24층 쌓기에 성공했고 2016년에 48층, 2018년에 96층 등으로 2년에 2배씩 층수가 높아져서 2022년에는 238~250층까지 도달했습니다(그림 1-6). 층수에 비례하여 밀도가 238배 증가했다는 것은 가격이 238분의 1로 줄었다는 의미입니다. 과거에는 낸드 플래시가 너무 비싸서 사용할 엄두를 내지 못한 사람도 3D 집적 덕분에 요즘은 큰 부담 없이 구매할 수 있습니다.

최근에는 '4D 낸드 플래시'라는 용어도 등장했습니다. 데이터를 저장하는 메모리 셀[cell] 이외의 주변 회로까지 모두 수직으로 쌓았다는 뜻입니다. 단면적을 3D 적층보다 한 단계 더 줄인 형태이지요. 이렇게 낸드 플래시 분야에서는 2D에서 3D, 그

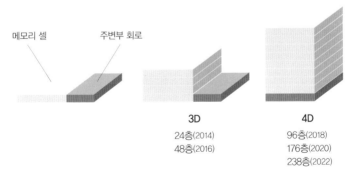

| 그림 1-6 | **낸드 플래시 적층 기술의 발전**(SK하이닉스)

리고 4D까지 메모리 밀도를 높이기 위한 다양한 전략이 성과를 내고 있습니다.

수직 통합, 반도체 생태계에 부는 새로운 바람

마지막으로 중요한 기술 동향은 칩과 소프트웨어의 수직 통합vertical integration입니다. 반도체 산업은 수십 년 동안 철저한 분업 구조 속에서 성장해왔습니다. 각 기업은 칩 설계와 제조, 소프트웨어 개발 등 전문 분야가 있었고, 컴퓨터나 스마트폰 등 최종 제품을 만드는 기업이 반도체를 직접 생산할 필요가 없었지요. 이러한 생태계에서 기업들은 수평 통합horizontal integration으로 사업을 확장해나갔습니다. 예를 들어 인텔은 CPU에 이어 GPU, FPGA로 생산 품목을 확대했지만, 기본적으로 로직 칩 제조사라는 정체성을 유지했습니다.

그런데 최근에는 최종 제품 생산 기업을 중심으로 수직 통합 바람이 불고 있습니다. 선도 기업은 애플입니다. 애플은 10년 전부터 아이폰, 아이패드, 맥북 등에 들어가는 AP와 CPU를 자체적으로 설계하기 시작했습니다.

왜 이런 경향이 생겼을까요? 자체 칩 생산에는 여러 이점이 있는데, 첫 번째는 설계를 최적화할 수 있다는 겁니다. 범용 반도체는 다양한 제품에 활용하기 위해 설계하기 때문에 특정 고객사의 필요에 맞추기가 힘듭니다. 하지만 최종 제품을 생산하는 기업이 자사 제품에 들어갈 반도체를 직접 설계한다면 얘기가 달라집니다. 최종 제품에 필요한 하드웨어와 소프트웨어의 상호 작용까지 종합적으로 고려하여 최적의 설계를 할 수 있습니다.

자체 칩 생산의 두 번째 장점도 맥락이 비슷한데, 제품별로 필요한 맞춤 기능을 구현하기 쉽다는 것입니다. 예를 들어 노트 북에 영상통화 기능을 추가하고 싶다면 이를 지원하는 다양한 신호처리 기술을 반도체 칩에 포함시켜야겠지요. 그런데 이처럼 특별한 성능을 지원하는 범용 반도체는 찾기 어렵습니다. 노트북 제조사가 직접 원하는 기능을 만들어 넣어야 이상적인 결과가 나올 겁니다. 이게 가능하다면 타사 제품에는 없는 매력적인 기 능을 자사의 최종 제품에 추가해 시장 경쟁력을 확보할 수 있습 니다.

세 번째 장점은 공급망 관리supply chain management, SCM에 유리 하다는 것입니다. 최근 칩 가격이 상승하면서 구매 기업들의 부 담이 커졌는데, 칩 생산을 직접 관리하면 비용을 절감할 수 있습 니다. 또한 미국과 중국의 경쟁 구도를 중심으로 글로벌 공급망 이 갈수록 빠르게 재편되는 움직임 속에서 다양한 변수에 유연 하게 대처할 수 있습니다. 소프트웨어 기업이나 전자 제품 제조 사로서는 공급망 병목 현상을 예방하고 안정적으로 칩을 확보하 기 위해 수직 통합 전략이 필요했던 것이지요.

빅테크 기업이 직접 칩을 만들면?

수직 통합의 구체적 사례를 미국 빅테크 기업 중심으로 살펴보겠습니다. 구글은 자사의 데이터 센터를 기반으로 인터넷 검색과 클라우드 컴퓨팅 서비스를 제공합니다. 구글의 데이터 센터에는 천문학적인 수의 반도체가 들어가지요. 필요한 반도체 모두를 구매해서 충당한다면 엄청난 비용이 들고, 유지와 보수도 쉽지 않을 겁니다. 그래서 구글은 2016년부터 GPU를 대체할 수 있는 로직 칩인 텐서 처리 장치^{tensor processing unit, TPU}를 생산하기 시작했습니다. TPU는 8비트 정수 연산을 활용해 GPU보다 전력을 적게 소모하면서 빠른 연산을 할 수 있습니다. 특히 기계학습 연산에 유리합니다. 구글은 TPU 칩 기술을 지속적으로 개선해 2021년에는 7나노 공정 기반 'TPU v4'를 선보였습니다(표 1-1). 2018년에는 모바일 기기 전용인 '에지^{Edge}'도 공개했지요.

두 번째로 살펴볼 기업은 아마존^{Amazon}입니다. 아마존은 아마존 웹 서비스^{Amazon Web Services, AWS}라는 클라우드 컴퓨팅 사업에서 큰 성공을 거두고 있습니다. 2020년을 기점으로 한 해 매출이 450억 달러를 넘어섰고, 전 세계 클라우드 서비스 점유율 1위를 달리는 중입니다. 아마존도 데이터 센터 유지와 보수, 개선에 많은 비용을 지출하는데, 역시 반도체에 들어가는 비용이 적지 않습니다. 그래서 결국 비용 절감을 위해 AWS 서버용 칩

	TPU v1	TPU v2	TPU v3	에지Edge v1	TPU v4
공개 연도	2016	2017	2018	2018	2021
제조 공정 노드(나노)	28	16	16	–	7
다이die[3] 크기(mm²)	331	<625	<700	–	<400
클럭 속도[4] (MHz)	700	700	940	–	1,050
TOPS[5]	92	45	123	4	275
TOPS/W	0.31	0.16	0.56	2	1.62

| 표 1-1 | 텐서 처리 장치 개발 현황(구글)

을 독자 개발하는 데 뛰어들었지요. 2018년 '그래비톤Graviton'을 처음 선보인 이후 개선을 거쳐 2022년에 '그래비톤 3'를 내놓 았습니다. 이 칩은 64개의 암 코어에 기반한 프로세서이고 클럭 속도는 2.5 GHz입니다.

전기차 제조사 테슬라Tesla는 2가지 칩을 독자 개발했는데, 그중 하나가 2022년 공개한 '도조Dojo'의 칩입니다(그림 1-7). 앞 서 소개한 TPU나 그래비톤과 달리 도조는 자율주행 모델을 개 발하기 위한 슈퍼컴퓨터입니다. 여기에는 완벽한 자율주행 기술

---

3 — 웨이퍼를 잘라 얻은 동일한 크기의 격자 모양 칩 하나하나를 지칭.

4 — 로직 칩의 연산 처리 속도를 주파수 단위인 Hz(헤르츠)로 표현한 값.

5 — Tera-Operations Per Second. 초당 처리할 수 있는 연산의 수를 조 단위로 표현한 값.

을 구현하고자 하는 테슬라의 의지가 담겨 있지요. 테슬라는 자체 개발한 D1이라는 칩을 도조에 사용했습니다. 이전까지는 자율주행 훈련에 엔비디아 GPU를 활용했지만, 비용 문제 때문에 개발한 것으로 보입니다. 특히 재미있는 부분은 칩의 크기입니다. 일반적인 칩은 기술과 생산 경제성의 한계 때문에 다이die 면적을 500 mm² 정도보다 크게 만들기 어렵습니다. 그런데 테슬라는 시스템-온-웨이퍼System-on-Wafer, SoW 기술을 통해 다이 25개를 이어 붙인 크기의 칩을 구현했습니다. 거의 자동차 운전대만 할 겁니다. 칩이 이렇게 커지면 연산 기능과 저장 기능을 추가하기 쉽고, 그만큼 성능도 높아집니다.

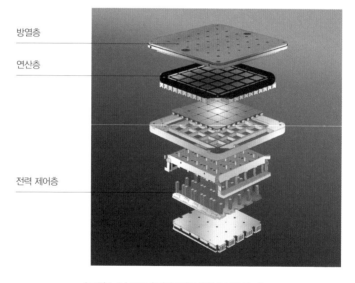

방열층

연산층

전력 제어층

| 그림 1-7 | **도조 슈퍼컴퓨터를 위한 D1 칩**(테슬라)

테슬라는 이미 2019년에 자체 개발한 '완전 자율 주행Full Self - Driving, FSD 칩'을 선보였습니다. 이 칩은 테슬라의 전기차에 들어갑니다. 12개의 암 기반 코어와 말리Mali GPU 칩 외에 신경망 처리 장치neural processing unit, NPU, LPDDR4-4266이라는 고성능 D램 인터페이스도 탑재되어 있습니다. 개별 칩의 면적이 무려 260 mm²에 달하지요.

칩 제조가 곧 제품 경쟁력

2022년 초 현대자동차가 삼성전자와 고성능 자율주행 칩 설계 프로젝트를 논의했다는 보도가 있었습니다.[6] 제가 대학교에서 공부하던 때만 해도 집적회로integrated circuit, IC 설계는 반도체 제조사에만 중요한 영역이었는데 요즘은 이렇게 완성차 업계까지 뛰어들고 있습니다. 갈수록 반도체 설계 역량이 제품 경쟁력에 직접적인 영향을 미치고, 선도적으로 칩 제조에 뛰어든 기업이 실제로 경쟁사보다 우위를 차지하고 있는 모습을 보면 수직 통합 추세는 더 빨라질 것입니다. 앞으로도 칩 설계가 더 다양한 분야에서 기술 혁신의 지렛대로 깊게 작용할 듯합니다.

---

6 ― 《서울경제》, "삼성-현대차 '車반도체 드림팀' 뭉쳤다", 2022년 1월 14일 자(https://www.sedaily. com/NewsView/260V2GIB89).

2장

폰 노이만 구조의
한계를 뛰어넘는
차세대 아키텍처 설계

· 석민구 | 컬럼비아대학교 전기공학부 교수 ·

석민구

현現 미국 컬럼비아대학교 전기공학부 교수

서울대학교 전기공학부 학사
미국 미시간대학교 전기공학부 석사, 박사
2015년 미국과학재단NSF 젊은과학자상CAREER Award 수상
전기전자공학자협회IEEE 시니어 멤버
반도체회로학회SSCS 저명강연자Distinguished Lecturer

혁신의 정점에서 한계에 봉착한 폰 노이만 컴퓨팅

　　오늘날 우리가 사용하는 대부분의 컴퓨터는 폰 노이만 구조 von Neumann architecture로 설계되어 있습니다. 폰 노이만 구조는 프로그램 내장 방식stored program이라고도 하는데, 간단히 말해서 미리 저장해둔 프로그램을 바탕으로 컴퓨터가 작동한다는 뜻입니다. 어떤 프로그램을 설치하는가에 따라 컴퓨터가 수행할 수 있는 연산이 달라지기 때문에, 하드웨어를 변경하지 않고 소프트웨어만 교체하면 여러 기능을 구현할 수 있습니다. 이처럼 높은 확장성은 기기 1대로 다양한 일반 업무를 처리하는 범용general purpose 컴퓨터 시장에서 엄청난 장점으로 작용했습니다.

　　폰 노이만 구조가 고안되기 이전의 컴퓨터는 확장성이 좋지 않았습니다. 그림 2-1은 1940년대에 쓰이던 에니악ENIAC 컴퓨터의 모습입니다. 에니악을 구동시켜 원하는 기능을 얻기 위해

| 그림 2-1 | 1940년대 에니악 컴퓨터

서는 숙련된 작업자들이 일일이 손으로 전선을 연결해야 했지요. 한 가지 연산이 끝나고 다른 문제로 넘어갈 때마다 작업자가 전선 배치를 바꾸는 매우 귀찮은 작업이 필요했습니다.

폰 노이만 구조의 가장 큰 특징은 로직과 메모리 장치가 물리적으로 분리되어 있다는 겁니다(그림 2-2). 로직에 해당하는 요소는 산술논리장치arithmetic logic unit, ALU로, 덧셈, 뺄셈, 곱셈, 나눗셈 같은 연산computation을 수행합니다. 그리고 레지스터register, 캐시cache, 주기억장치 3가지는 데이터를 저장하고 읽는 메모리 요소입니다.

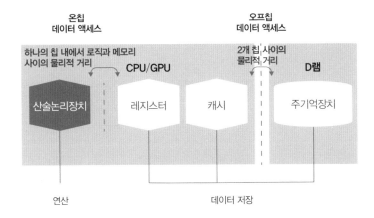

온칩
데이터 액세스

오프칩
데이터 액세스

하나의 칩 내에서 로직과 메모리
사이의 물리적 거리

CPU/GPU

2개 칩 사이의
물리적 거리

D램

산술논리장치

레지스터

캐시

주기억장치

연산

데이터 저장

| 그림 2-2 | **폰 노이만 컴퓨팅 구조**

폰 노이만 구조에서는 연산이 일어나는 장소와 데이터가 저장되는 장소가 다릅니다. 따라서 컴퓨터가 어떤 프로그램을 수행하려면 산술논리장치와 메모리 사이에서 데이터 액세스^{data} access라는 과정이 무척 빈번하게 발생합니다. 연산을 하는 산술논리장치는 필요한 정보를 메모리에서 불러오고, 중간 결과는 다시 메모리로 내보내 저장해야 하지요. 문제는 데이터 액세스에 소모되는 시간과 에너지가 너무 많다는 사실입니다. 하나의 CPU 혹은 GPU 칩 안에서 일어나는 온칩^{on-chip} 데이터 액세스만 따져도 연산 자체가 소모하는 것보다 10~100배 많은 에너지를 사용합니다.

특히 산술논리장치와 주기억장치 사이에는 훨씬 높은 물리적 장벽이 존재합니다. 주기억장치는 D램이라는 별도 칩으로 구성되어 있습니다. 그렇기에 주기억장치에 저장되어 있는 데이터가 CPU/GPU로 이동하려면 더 많은 시간과 에너지가 듭니다. 산술논리장치가 연산으로 소모하는 것보다 100~1,000배 많은 비용이 이런 오프칩$^{off-chip}$ 데이터 액세스로부터 발생합니다.

정말 배보다 배꼽이 더 클까?

표 2-1은 연산과 메모리 액세스에 소모되는 에너지를 비교한 자료입니다. 연산에 비해 메모리 액세스에 얼마나 더 많은 비용이 드는지를 분명히 보여줍니다. 예를 들어 8비트 정수 곱셈은 0.2 pJ[1]을, 덧셈은 0.03 pJ을 소모합니다(표 2-1(A)). 굉장히 적은 에너지를 쓰지요. 32비트 정수 연산에서는 더 많은 에너지가 필요합니다. 16비트, 32비트 부동소수점 연산처럼 보다 복잡한 연산을 할 때는 에너지 소모량도 더 증가합니다.

표 2-1(B)는 저장 용량이 서로 다른 메모리로부터 64비트 데이터를 읽는 데 소모되는 에너지를 보여줍니다. 가령 최대 8 KB까지 저장할 수 있는 메모리에서 64비트 데이터를 읽기 위해서는 10 pJ의 에너지가 필요하지요. 32 KB 메모리의 경우 20 pJ, 1 MB 메모리를 사용할 경우에는 100 pJ의 에너지가 들어갑니다.

---

1 — 피코줄^{picojoule}. 1 pJ=10^{-12} J

A. 연산				B. 데이터 액세스		
연산 유형	곱셈	덧셈		메모리 크기	메모리 위치	64비트 메모리 액세스
8비트 정수	0.2	0.03		8K	온칩	10
32비트 정수	3.1	0.1		32K	온칩	20
16비트 부동소수점	1.1	0.4		1M	온칩	100
32비트 부동소수점	3.7	0.9		D램	오프칩	1,300~2,600

단위: pJ

| 표 2-1 | 에너지 소모량 비교: 연산(A) vs. 데이터 액세스(B)

이 3가지 용량의 메모리는 보통 온칩 형태로 레지스터나 캐시에 포함되어 있습니다.

그런데 주기억장치에 해당하는 D램 칩에서 같은 양의 데이터를 읽어 오려면 1,300~2,600 pJ의 에너지가 소모됩니다. 온칩에서 오프칩으로 메모리 위치가 멀어지니 에너지 소모량 자릿수가 크게 높아졌지요. 칩을 경계로 데이터를 주고받을 때 그만큼 에너지가 더 필요하다는 의미입니다. 온칩이든 오프칩이든 폰 노이만 구조에서는 연산 자체보다 데이터 액세스에 10~1,000배 많은 에너지가 소모된다는 사실을 수치로 확인할 수 있습니다.

더 이상 범용성만 내세울 수 없다

데이터 액세스에 소모되는 에너지 문제 외에 다른 측면에서도 폰 노이만 구조의 한계를 지적할 수 있습니다. 폰 노이만 구조의 핵심이자 최대 강점은 범용성 추구입니다. 이러한 패러다임에서 관건은 모든 컴퓨터가 모든 일을 잘하도록 고성능 범용 하드웨어를 개발하는 것이겠지요. 무어의 법칙Moore's Law이 잘 작동하던 2000년대 초반까지 약 30년 동안은 컴퓨터 성능을 개선하는 과정에서 범용성이 큰 문제가 되지 않았습니다. 공정 미세화를 통해 범용 칩의 트랜지스터 밀도를 높임으로써 전반적인 컴퓨터 성능을 향상할 수 있었기 때문입니다.

하지만 그림 2-3에서 알 수 있듯이 2000년대 들어 컴퓨터 칩의 성능 향상 속도가 느려지고 있습니다. 1994~2003년에는 성능이 연간 52 % 개선된 반면 2015~2018년에는 연간 4 %의 개선밖에 이루지 못했습니다(그림 2-3(A)). 성능 개선 비율을 비용으로 나눈 그림 2-3(B)를 봐도 1994~2004년에는 무려 연간 48 %의 개선 효과가 나타났지만 2008~2013년에는 8 %에 그쳤습니다. 이러한 둔화세의 주요 원인으로는 트랜지스터 미세화가 물리적 한계에 봉착했다는 점을 들 수 있습니다. 이미 작아질 대로 작아진 트랜지스터를 더 이상 작게 만들기 어려운 상황이 된 것입니다. 이는 범용성과 성능이라는 두 마리 토끼를 동시에 추구하기 힘들어졌다는 뜻이기도 합니다.

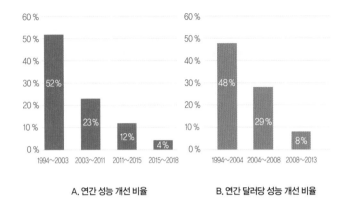

| 그림 2-3 | 마이크로프로세서 성능 개선 추세

새로운 컴퓨팅 구조를 찾아서

　산업계와 학계 모두 앞으로 컴퓨터 성능을 개선하기 위해서는 새로운 구조를 도입해야 한다고 피부로 느끼고 있습니다. 이러한 공감대를 바탕으로 다양한 비(非)폰 노이만non-von Neumann 구조가 시험대에 오르는 중이지요. 비(非)폰 노이만 구조의 하드웨어를 가속기accelerator 또는 주문형 반도체application specific integrated circuit, ASIC라고 부르기도 합니다.

　최근 주목받는 연구 동향을 몇 가지로 요약해보겠습니다. 가장 뚜렷한 움직임은 한계에 봉착한 범용 구조에서 벗어나 특정 작업에 특화된 전용special purpose 하드웨어를 개발하는 것입니다. 예를 들어 심층학습deep learning, 더 구체적으로는 거대 언어 모델large language model, LLM 등 특수한 목적에 최적화된 구조를 개발하겠다는 전략이지요. 비슷한 맥락으로 프로그래밍 가능성 programmability을 제한하는 대신 성능과 효율을 개선하려는 연구도 이뤄지고 있습니다. 또한 데이터 액세스 과정에서 소모되는 에너지를 줄이기 위해 최대한 온칩 메모리만 사용해서 연산하는 방법도 연구 중입니다. 더 나아가 로직과 메모리의 물리적 구분을 없앤 인-메모리 컴퓨팅in-memory computing, IMC 구조도 대안으로 떠오르고 있습니다. 예를 들어 메모리를 로직 요소에 집어넣거나, 로직과 메모리 기능을 동시에 수행할 수 있는 새로운 하드웨어를 만드는 것입니다.

인-메모리 컴퓨팅, 곱셈 누적 연산의 해결사로 떠오르다

하드웨어 구조를 변화시킴으로써 어떻게 컴퓨팅 성능을 개선할 수 있는지 구체적인 예시를 들어보겠습니다. 심층학습 모델, 그중에서도 신경망neural network 관련 연산에서 가장 많은 시간과 에너지가 소모되는 부분은 곱셈 누적 연산multiply-and-accumulate, MAC입니다. 가령 입력값 $D_1, D_2, \cdots D_N$이 주어졌을 때 각 입력값과 상수 $W_1, W_2, \cdots W_N$의 곱을 모두 더하는 연산입니다. 가장 기본적인 연산이면서도 자원 소모가 크기 때문에 이 과

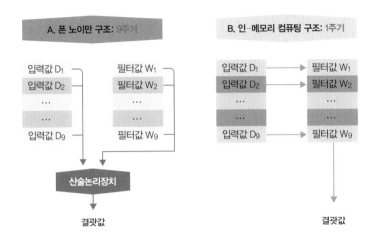

곱셈 누적 연산 $= D_1 \cdot W_1 + D_2 \cdot W_2 + \cdots + D_9 \cdot W_9$

A. 폰 노이만 구조: 9주기

입력값 D_1 필터값 W_1
입력값 D_2 필터값 W_2
⋯   ⋯
⋯   ⋯
입력값 D_9 필터값 W_9

산술논리장치

결괏값

B. 인-메모리 컴퓨팅 구조: 1주기

입력값 D_1 → 필터값 W_1
입력값 D_2 → 필터값 W_2
⋯   ⋯
⋯   ⋯
입력값 D_9 → 필터값 W_9

결괏값

| 그림 2-4 | 인-메모리 컴퓨팅을 통한 연산 간소화

정을 최대한 효율적으로 만들기 위해 많은 사람이 노력하고 있지요.

일반적인 폰 노이만 컴퓨터에서 곱셈 누적 연산은 그림 2-4(A)처럼 진행됩니다. 한 메모리 요소에서 입력값 D_1을 읽고, 또 다른 메모리 요소에서 필터값 W_1를 읽어 들인 후 그것들을 연산 요소인 산술논리장치에 입력하여 서로 곱한 다음 결과를 저장합니다. 여기까지가 연산 주기 하나입니다. 그다음 두 번째 쌍을 불러와서 곱하고 이전 결과에 더해 저장하는 두 번째 주기를 지납니다. 이 과정을 여러 번 반복하면 최종 결괏값이 나옵니다. 하지만 데이터를 각 메모리에서 한 줄 한 줄 읽어 와야 하기 때문에 여러 번의 연산 주기가 필요하고, 그만큼 시간이 걸린다는 단점이 있습니다. 실제 신경망 모델의 경우 읽어들여야 하는 데이터는 단순히 몇 개가 아니라 몇십만~몇백만 개에 이릅니다. 다루는 데이터 양에 비례하여 곱셈 누적 연산에 소모되는 자원의 양이 엄청나게 늘어나겠지요.

이 문제를 극복하기 위해 반도체 전문가들이 2010년대 초반부터 생각하기 시작한 대안이 바로 인-메모리 컴퓨팅입니다. 데이터를 한 줄씩 읽어낼 필요 없이 그림 2-4(B)처럼 메모리 내에서 모든 데이터를 한꺼번에 사용하여 연산하고 그 결과를 한 주기 만에 얻어내겠다는 시도입니다. 물론 여기에는 새로운 하드웨어 구조가 필요합니다.

인-메모리 컴퓨팅 하드웨어는 그림 2-5의 기본 구조와 같이 메모리와 연산 회로를 통합하여 설계합니다. W_1, W_2, $\cdots$ W_N 이라고 표기된 네모꼴은 필터값을 저장하고 있는 메모리 요소고, 곱셈(×)과 덧셈(+) 기호가 있는 동그라미는 산술 연산을 수행하는 로직 요소를 의미합니다. 입력값 D_1, D_2, $\cdots$ D_N이 주어지면 각 입력값이 곱셈 연산자에 의해 필터값과 곱해지고 그 결과가 덧셈 연산자를 통해 더해지는 구조입니다.

이러한 구조를 하드웨어 시스템으로 구현하는 방법은 2가지로 나눌 수 있습니다. 하나는 저항, 전하, 정전용량capacitance 등 물리량을 이용하는 아날로그 혼합 신호analog mixed-signal, AMS 방식이고 다른 하나는 디지털 신호를 이용해 연산하는 디지털 방식

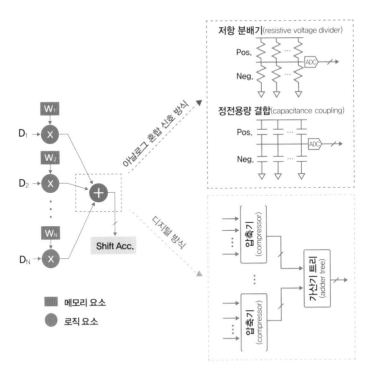

| 그림 2-5 | 인-메모리 하드웨어 구조

입니다.

지난 10여 년 동안 제 연구팀이 개발한 인-메모리 하드웨어 중 뛰어난 성능을 달성한 3가지 테스트 칩을 소개하겠습니다. 표 2-2는 주요 성능 지표와 함께 비교한 것입니다. 첫 번째는 전하 기반 아날로그 혼합 신호 방식으로 만든 MACC-SRAM Multistep Accumulation Capacitor-Coupling In-Memory Computing SRAM 입니다.

	MACC-SRAM	DIMCA	D6CIM
유형	아날로그 혼합 신호 (전하 기반)	디지털 (근사 연산)	디지털 (하드웨어 재사용)
구동 전압 V_{DD}	28-nm, 0.8 V	28-nm, 0.9 V	28-nm, 0.6 V
에너지 효율 (표준화: 1b/1b a/w)	2,832 TOPS/W	616 TOPS/W	2,560 TOPS/W
연산 밀도 (표준화: 1b/1b)	29.8 TOPS/mm²	166 TOPS/mm²	7.68 TOPS/mm²
저장 밀도	1,937 μm²/kb	3,062 μm²/kb	992 μm²/kb
정확도 (ResNet-18 신경망 대비, CIFAR10 데이터세트 활용)	91.92 % (4b/4b a/w)	90.41 % (4b/1b a/w)	근사 없이 8비트 지원

| 표 2-2 | 첨단 S램 기반 인-메모리 컴퓨팅 하드웨어

인-메모리 하드웨어의 성능을 판단할 때 살펴보는 지표는 4가지입니다. 첫 번째는 에너지 효율입니다. MACC-SRAM은 2,832 TOPS/W[2]의 굉장히 높은 에너지 효율을 보여줍니다. 에너지 효율만큼 중요한 지표는 연산 밀도compute density입니다. 같은 실리콘 면적에서 시간당 얼마나 많은 연산을 수행할 수 있는지로 비교합니다. 높을수록 좋은 하드웨어라고 볼 수 있지요. MACC-SRAM의 경우 29.8 TOPS/mm²[3]의 연산 밀도를 지니고 있습니다. 킬로비트kilobit당 얼마나 큰 실리콘 면적이 필요한

---

2 — TOPSTera-operations per second per watt: 1 W 전력으로 수행할 수 있는 초당 연산 횟수. Tera는 10^{12}을 의미하며, TOPS/W가 클수록 에너지 효율이 높다.

지를 나타내는 저장 밀도weight density란 지표도 있는데, 이 수치는 작을수록 좋습니다. MACC-SRAM의 저장 밀도는 1,937 μm²/kb입니다. 마지막 지표는 정확도accuracy입니다. 해당 하드웨어를 실제 신경망 추론inference에 사용했을 때 연산 결과가 얼마나 정확한지로 측정합니다.

나머지 두 하드웨어는 모두 디지털 방식입니다. DIMCA^{Digital} In-Memory Computing with Approximate Hardware는 연산 결과가 항상 정확하지는 않되 오차가 일정한 특징이 있는데, 세 테스트 칩 중 가장 뛰어난 166 TOPS/mm²라는 연산 밀도를 보입니다. 마지막으로, D6CIM은 동일한 하드웨어 요소를 여러 연산에 걸쳐 공유하는 하드웨어 재사용hardware reuse 구조를 채택했습니다. D6CIM은 MACC-SRAM과 유사한 수준의 에너지 효율, 그리고 992 μm²/kb의 가장 뛰어난(저장 밀도는 낮을수록 좋은데, 수치가 가장 낮음) 저장 밀도를 자랑하지요. 또한 근사 없이 8비트 연산을 지원하기 때문에 정확도가 매우 높습니다.

맞춤형 하드웨어, 인간 두뇌를 따라잡을까?

또 하나 주목할 만한 하드웨어 구조가 있습니다. 특정 알고

---

3 — TOPS^{Tera-operations per second} per square millimeter: 1 mm² 면적에서 수행할 수 있는 초당 연산 횟수.

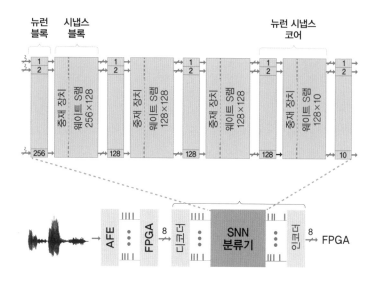

뉴런 블록 시냅스 블록

뉴런 시냅스 코어

중재 장치 / 웨이트 S램 256×128

중재 장치 / 웨이트 S램 128×128

중재 장치 / 웨이트 S램 128×128

중재 장치 / 웨이트 S램 128×10

AFE · · · FPGA → 8 → 디코더 · · · SNN 분류기 · · · 인코더 → 8 → FPGA

| 그림 2-6 | **스파이킹 신경망 분류기**SNN classifier

리듬을 위한 하드웨어입니다. 그림 2-6은 제 연구팀이 개발한, 스파이킹 신경망spiking neural network, SNN을 위한 전용 하드웨어입니다. 다른 일반적 알고리듬에는 쓸모가 없습니다. 활용 범위가 제한적이지만 하나의 작업에 관해서는 최대의 효율을 내도록 설계했지요. 대부분의 연산을 온칩 메모리에 의존하고 D램 같은 오프칩 메모리는 최소한으로 사용합니다. 또한 뉴런 시냅스 코어neurosynaptic core, 뉴런 블록neuron block, 시냅스 블록synapse block 등 다양한 온칩 요소를 활용해 데이터를 잘 분산해서 저장할 수 있습니다. 메모리에 접근하는 방식도 기존에 많이 쓰던 전형적인 동기식synchronous 혹은 비동기식asynchronous 순차sequencing 방

식이 아니라, 둘을 결합해서 신경망 연산에 최적화된 순차 방식을 만들었다는 점도 특징입니다.

칩 전체의 전력 소모량은 300 nW[4]입니다. 에너지 효율이 상당히 좋습니다. 이 칩은 인공 뉴런 650개를 가지고 있는데, 전력 소모량 300 nW를 뉴런 수 650으로 나누면 뉴런 하나가 약 460 pW[5]를 소모하는 셈이지요. 이 수치를 인간 뇌와 비교하면 더 놀랍습니다. 우리 뇌는 약 860억 개의 뉴런으로 이뤄져 있고 약 20 W 전력을 소모한다고 알려져 있습니다. 따라서 뉴런 하나당 전력 소모량은 230 pW 정도입니다. 물론 인간의 뇌는 SNN 분류기보다 훨씬 복잡하고 다양한 연산을 수행하지만, 실리콘 칩의 에너지 효율이 인간 뇌의 그것에 상당히 근접했다는 점이 흥미롭습니다.

앞으로 컴퓨터 칩이 인간 뇌의 기능을 따라잡기까지는 가야 할 길이 멉니다. 우선, 앞서 소개한 테스트 칩의 뉴런 수는 고작 650개에 불과한데 인간 뇌의 뉴런은 무려 860억 개입니다. 이 엄청난 규모의 차이를 극복해야 인간 지능에 버금가는 능력을 가진 컴퓨터 칩이 나오겠지요. 전문가들은 이 점을 아주 잘 인지하고 있기 때문에 구체적으로 어떻게 규모의 확장을 이뤄낼지 계속 고민하고 있습니다.

4 — 나노와트nanowatt, 1 nW = 10^{-9} W.

5 — 피코와트picowatt, 1 pW = 10^{-12} W.

메모리 공간을 최대한 확보하라

하드웨어 규모 확장이라는 목표에 다가가기 위해 해결해야 할 가장 큰 문제는 메모리 공간입니다. 연산을 수행하는 덧셈기, 곱셈기 같은 산술논리장치 요소는 한 번 사용했다고 다시 못 쓰는 게 아닙니다. 지속적으로 다른 작업을 수행할 수 있습니다. 이것을 컴퓨팅 용어로 시분할$^{time\ sharing}$이 가능하다고 얘기합니다. 반면 물리적 공간을 사용해 데이터를 저장하고 있어야 하는 메모리 요소는 상황이 다릅니다. 새로운 정보를 저장하기 위해서는 기존 정보를 지워야 하기 때문에 시분할이 불가능하지요. 메모리 용량을 늘리려면 더 많은 물리적 공간을 확보해야 합니다.

물론 D램 같은 오프칩 하드웨어 영역에서는 그동안 엄청난 기술 발전을 통해 메모리 공간을 확보하는 데 성공했지만, 여기서 또 데이터 액세스 문제가 발목을 잡습니다. 앞서 살펴본 것처럼 외부 하드웨어에 데이터를 보내서 저장하고 다시 불러들이는 데 너무 많은 시간과 에너지가 소모됩니다. 그래서 CPU나 GPU 등 연산 요소 안에 얼마나 다양한 메모리 요소를 내장^{embedded}할 수 있는지가 향후 기술 발전에 중요한 변수가 될 것입니다.

로직 안에 메모리를 함께 설계하는 다양한 기술 중 내장형 S램$^{embedded\ static\ random\ access\ memory}$이 현재 가장 많이 사용되고 있습니다. 예를 들어 그림 2-7(A)는 첨단 5나노 공정으로 구현한 내장형 S램의 모습입니다. 이 S램 블록 안에 0.021 μm^2로 무척

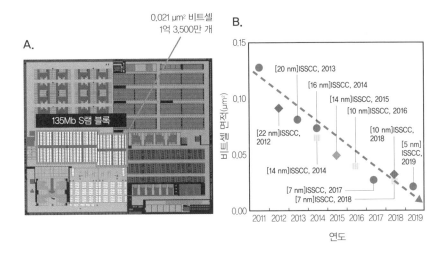

0.021 μm² 비트셀
1억 3,500만 개

A.

135Mb S램 블록

B.

[20 nm]ISSCC, 2013

[16 nm]ISSCC, 2014

[14 nm]ISSCC, 2015

[10 nm]ISSCC, 2016

[22 nm]ISSCC, 2012

[10 nm]ISSCC, 2018

[5 nm] ISSCC, 2019

[14 nm]ISSCC, 2014

[7 nm]ISSCC, 2017
[7 nm]ISSCC, 2018

비트셀 면적(μm²)

연도

| 그림 2-7 | **첨단 공정으로 구현한 내장형 S램**

작은 비트셀bit cell[7] 1억 3,500만 개가 들어 있습니다. 지난 수십 년간 S램 비트셀 미세화는 상당한 성과를 거두었습니다. 굉장히 어려운 과제임에도 산업계와 학계의 꾸준한 노력 덕분에 가능했지요. 특히 2011~2019년 사이 공정 노드가 22나노에서 5나노까지 발전하는 동안 비트셀 크기는 0.1 μm²에서 0.021 μm²까지 약 1/4로 줄었습니다(그림 2-7(B)). 이처럼 기술 노드의 발전 속도와 거의 동일하게 소자가 미세화된 것은 정말 대단한 일입니다.

그렇다면 내장형 S램은 오프칩 D램 대비 시장 경쟁력이 있

7 — 1비트의 2진법 데이터가 기록되는 메모리 집적 회로의 단위.

을까요? 예상하건대 0.021 μm² S 램 비트셀만으로 500 mm²
면적의 칩을 만들면 약 2 GB 메모리 용량을 달성할 수 있습니
다. 2 GB라는 용량은 사실 오늘날 기준으로 그리 크지 않습니
다. 우리가 흔히 사용하는 노트북 D 램 용량이 이미 8~32 GB
수준이지요. 비트셀 미세화도 D 램이 앞서 있습니다. D 램 비트
셀은 0.0016 μm²까지 미세화가 진행됐고, 5나노 S 램 비트셀은
여기에 비하면 여전히 13배 정도 큽니다. 게다가 공정 비용도 S
램이 D 램에 비해 훨씬 높습니다. 같은 메모리 용량을 확보하는
과정에서 S 램으로 만들 때 더 미세한 공정이 필요하기 때문입니
다. 그럼에도 불구하고 S 램과 D 램의 크기 차이가 겨우 10배 정
도인 것은 놀랍습니다. 앞으로 두 기술의 각축이 반도체 시장에
서 재미있는 관전 요인이 될 것 같습니다.

한편 메모리 공간 확보라는 과제를 놓고 더 간단한 발상을
할 수도 있습니다. 칩 면적을 넓히면 당연히 한 칩에 더 많은 메
모리가 들어가겠지요. 이런 접근을 웨이퍼 스케일 컴퓨팅wafer-
scale computing이라고 부릅니다. 그림 2-8(A)는 미국 세레브라스
Cerebras Systems가 생산하는 데 성공한 거대 반도체 칩입니다. 크
기가 4만 6,225 mm²에 달하는 이 칩 위에는 1조 2,000만 개
의 트랜지스터가 집적되어 있습니다. 일반적인 방식으로 만들어
지는 가장 큰 칩(그림 2-8(B))과 비교하면 크기 차이를 실감할 수
있지요. 세레브라스 칩은 16나노 공정으로 만들어졌습니다. 16
나노 공정에서 S 램 비트셀 크기는 약 0.05 μm²입니다. 만약 세

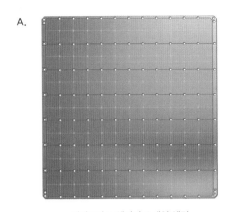

A.

세레브라스 웨이퍼 스케일 엔진
트랜지스터 1조 2,000만 개
실리콘 면적 4만 6,225 mm²

B.

현존하는 가장 큰 GPU
트랜지스터 21억 1,000만 개
실리콘 면적 815 mm²

| 그림 2-8 | 웨이퍼 스케일 컴퓨팅

레브라스와 같은 크기의 칩을 전부 S램으로 채우면 115 GB의 S램 저장 공간을 확보할 수 있을 것입니다. 이 정도 메모리 용량은 대형 신경망 모델도 충분히 감당할 수 있는 수준이지요. 앞으로 이 분야의 발전 행보에 많은 관심이 쏠릴 수밖에 없습니다.

　하지만 웨이퍼 스케일 컴퓨팅은 크기 자체가 도전 요인입니다. 칩 크기가 커질수록 그 안에 집적된 모든 트랜지스터와 회로가 완벽하게 작동할 확률이 낮아지고, 당연히 생산 수율도 떨어집니다. 이를 극복하기 위해 어느 한 부품에 결함이 생길 때 대체하기 위한 여분 부품이나 우회 회로를 추가하고, 제조가 끝난 다음 칩을 검수해서 제대로 된 부분끼리 잘 연결하는 교정 calibration 절차 등 여러 방법을 적용하고 있습니다. 또한 칩이 크다 보니 전력 소모도 많고 열이 많이 발생한다는 문제도 극복해야 합니다. 패키징이나 보드 설계 과정에서 전력 공급과 열 관리에 많은 시간과 공을 들이고 수냉water-cooling 시스템이나 냉간판cold plate을 활용하는 등 다양한 해법이 개발되고 있습니다.

춘추전국시대를 맞이한 차세대 메모리 기술

내장형 S램 외에도 차세대 메모리 시장을 겨냥한 다양한 기술이 등장하고 있습니다. 예를 들면 강유전체를 이용한 Fe램ferroelectrics random access memory, FeRAM, 저항 변화를 이용한 Re램resistive random access memory, ReRAM, 물질의 상 변화를 이용한 PC램phase change random access memory, PCRAM, 스핀 전류를 이용한 STT-M램spin transfer torque magnetic random access memory, STT-MRAM, 스핀 궤도를 이용한 SOT-M램spin orbit torque magnetic random access memory, SOT-MRAM 등 모두 기존에 없었던 다양한 메모리 소자를 활용하는 접근법입니다.

이러한 신기술들은 S램, D램, 낸드 플래시 같은 기존 메모리 강자들과 견주어도 가능성이 있습니다. 비트셀 크기는 F^2라는 단위로도 표현할 수 있는데, 여기서 F는 최소 배선 폭minimum feature size을 의미합니다. 간단히 설명하면 5나노 기술 노드가 사용된 경우 F값이 5, 12나노인 경우 F값이 12라고 생각하면 될

성능 지표	기존 메모리 기술			차세대 메모리 기술				
	S램	D램	낸드 플래시	Fe램	Re램	PC램	STT-M램	SOT-M램
비휘발성	×	×	○	○	○	○	○	○
비트셀 크기(F^2)	50-120	6-10	5	15-34	6-10	4-19	6-20	6-20
읽기 시간(ns)	≤2	30	10^3	≈5	1-20	≈2	1-20	≤10
쓰기 시간(ns)	≤2	50	10^6	≈10	50	10^2	≈10	≤10
쓰기 전력	낮음	낮음	높음	낮음	중간	낮음	낮음	낮음
내구성(cycles)	10^{16}	10^{16}	10^5	10^{12}	10^6	10^{10}	10^{15}	10^{15}
확장 가능성	좋음	제한적	제한적	제한적	중간	제한적	좋음	좋음

| 표 2-3 | 기존 vs. 차세대 메모리 기술

것 같습니다(F값을 정하는 방법은 공정이나 회사마다 조금 차이가 있습니다). 표 2-3을 보면 차세대 메모리 하드웨어들의 비트셀 크기가 지금의 첨단 D램이나 낸드 플래시와 비교해도 비슷하거나 더 작다는 사실을 알 수 있습니다. 앞으로 이 기술들의 상용화가 매우 기대됩니다.

물론 해결해야 할 과제도 있습니다. 앞서 설명한 것처럼 비트셀 크기가 최소 배선 폭에 의해 결정되는데, 각 소자를 만드는 공정이 지원하는 가장 작은 F값이 동일하지 않습니다. 가령 S램은 일반 로직 소자를 사용합니다. 로직 소자는 매우 작게 만들 수 있기에 S램의 F값은 매우 작습니다. 하지만 D램의 경우

F값이 S램보다 몇 배 정도 큽니다. Re램도 비슷합니다.

몇몇 기술은 내구성endurance과 강건성robustness 문제도 개선해야 합니다. 내구성은 데이터를 쓰고 지우고를 반복할 수 있는 횟수를 말하며, 강건성은 온도, 전압 등 외부 환경 변화에 노출되었을 때도 정상적으로 동작하는 정도를 나타내는 지표입니다. 전자 기기 부품으로서 제대로 역할을 하려면 충족해야 할 조건이 있고, 아직까지는 부족한 면을 보완하는 중입니다.

마지막으로 가격도 중요한 요소이지요. 하드웨어 가격은 제조 공정이 얼마나 복잡한지, 수율이 얼마나 높은지에 직접적인 영향을 받기 때문에 시장에서 가격 경쟁력을 갖추기 위해서는 이러한 문제들을 복합적으로 해결해야 합니다. 결론적으로 기존 메모리를 대체할 만한 성능과 양산성을 모두 갖춘 차세대 기술이 탄생하려면 좀 더 시간이 필요해 보입니다.

공간의 제약을 뛰어넘는 3차원 패키징

패키징 차원에서는 메모리 공간을 확보하기 위해 어떤 노력을 하고 있을까요? 한 가지 중요한 방향은 메모리 장치를 로직 장치 위에 수직으로 쌓아 올리는 3차원 집적회로three dimensional integrated circuit, 3D‒IC 기술입니다. 상용화된 가장 유명한 패키징 기법은 2.5D입니다(그림 2‒9(A)). 인터포저interposer 위에 로직 칩

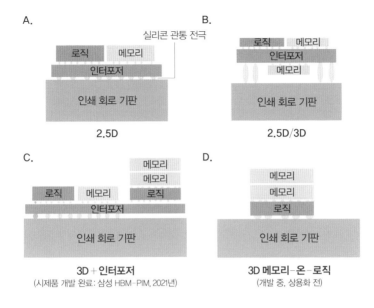

A.

로직 | 메모리

실리콘 관통 전극

인터포저

인쇄 회로 기판

2.5D

B.

로직 | 메모리

인터포저

메모리

인쇄 회로 기판

2.5D/3D

C.

메모리

메모리

로직 | 메모리 | 로직

인터포저

인쇄 회로 기판

3D + 인터포저
(시제품 개발 완료: 삼성 HBM-PIM, 2021년)

D.

메모리

메모리

로직

인쇄 회로 기판

3D 메모리-온-로직
(개발 중, 상용화 전)

| 그림 2-9 | 패키징 기술의 진화

과 메모리 칩이 함께 올라가 있지요. 인터포저도 칩의 종류 중 하나인데, 금속 배선만 들어 있으면서 다른 칩들을 연결해주는 역할을 합니다. 배선 밀도가 굉장히 높고 기생 정전용량parasitic capacitance도 적기 때문에, 인터포저를 이용하면 인쇄 회로 기판printed circuit board, PCB 위에서 바로 칩을 연결하는 것보다 훨씬 높은 에너지 효율과 빠른 통신 속도를 얻을 수 있습니다.

2.5D 패키징에서 좀 더 나아간 것은 인터포저의 한 면이 아닌 양면을 사용하여 칩을 수직으로 집적하는 2.5D/3D 방식입니다(그림 2-9(B)). 이렇게 양면을 사용하면 단면을 사용할 때보

다 칩 간 연결 거리가 줄어듭니다.

다음으로는 인터포저를 활용하면서 칩을 수직으로 쌓는 방법입니다(그림 2-9(C)). 이미 시제품으로 구현된 기술인데, 2021년 삼성전자에서 'HBM-PIM high bandwidth memory-processing in memory' 이라는 이름으로 시장에 선보였습니다. D램 여러 개를 수직으로 쌓되, 간단한 연산이 가능하도록 로직 하드웨어도 함께 집적한 것이 특징입니다.

패키징 기술이 진화를 거듭한다면 궁극적으로는 그림 2-9(D) 형태가 될 것입니다. 인터포저 없이 모든 칩을 바로 수직으로 쌓아 올리는 방식이지요. 말로는 쉬워 보이지만 구현하기가 굉장히 어려운 기술입니다. 우선 전력을 옆이 아니라 위나 아래에서 공급해야 하는데, 층이 높아질수록 이 부분이 만만치 않습니다. 또한 발생하는 열이 빠져나가지 못해 칩들이 굉장히 뜨거워집니다. 결국 전력 공급이나 열 관리를 위한 추가 구조물을 만드는 데 상당한 실리콘 면적을 할애해야 합니다. 이런 문제에 대한 돌파구가 아직 마련되지 않았기 때문에 3D 메모리-온-로직 패키징은 상용화에 이르기까지 다소 난관을 겪을 듯합니다.

로직과 메모리, 완전한 통합은 가능한가?

　마지막으로, 최근 많은 관심을 받고 있는 프로세싱-인-메모리processing-in-memory, PIM에 대해 살펴보겠습니다. 이름에서 어느 정도 예상할 수 있듯이, 기존 메모리 기술과 가장 큰 차별점은 메모리에 연산 소자가 들어간다는 것입니다. PIM 구조는 신경망 모델처럼 복잡한 대규모 연산을 수행할 때 빛을 발휘할 수 있습니다. 일부 연산을 메모리가 자체적으로 끝내서 데이터 양을 한 번 줄인 후 연산 장치에 전달함으로써 연산 장치와 메모리 장치 사이 데이터 액세스를 감소시키기 때문입니다. 현재 PIM 기술은 기존 방식 대비 2배의 성능 개선과 3배의 에너지 효율 개선을 달성한 상태로 보입니다.

　그런데 개인적으로는 PIM 기술 발전 속도가 기대에 못 미친다고 생각합니다. 원인은 표 2-4와 같이 분석할 수 있습니다. PIM 이전 구조에서는 CPU 또는 GPU가 연산의 100 %를 감당

	PIM 이전	현재 PIM	차세대 PIM?	
CPU/GPU	100 %	50 %	0 %	100 %
D램	0 %	50 %	100 %	0 %

| 표 2-4 | 연산 분배의 딜레마, 차세대 PIM 기술은?

하고 D램은 연산에 참여하지 않았습니다. 반면 PIM 기술은, 조금 과장하자면 연산 장치와 메모리 장치가 공평하게 50 %씩 연산을 감당하도록 만들겠다는 전략입니다. 물론 이때 관건은 두 장치 간 데이터 액세스를 최소화하는 것이지요. 다시 말해 두 장치가 많이 소통하지 않으면서도 일은 잘 나누어 처리하게 하고 싶다는 뜻입니다.

문제는 하나의 워크로드workload를 거의 독립적인(계산 결과를 공유하지 않는) 2개의 워크로드로 나누는 것이 굉장히 어렵다는 점입니다. 심화학습의 알고리듬을 잘 알고 계신다면, 중간 계산 결과가 많이 나오지 않게 워크로드를 나누는 것이 얼마나 어려울지 여러분도 짐작이 가실 것입니다. 사실 PIM 기술 이전에도 비슷한 문제가 병렬 연산parallel computing 분야에서 나타났습니다. 병렬화는 워크로드를 여러 개의 CPU 코어에 분배하는 것인데, 나뉜 워크로드들 사이의 관련성을 최소화해야 합니다. 결국 일을 나눠서 하는 경우에도 코어 사이에 상당한 양의 데이터가 오가야 합니다.

그래서 저는 앞으로 PIM 기술이 연산을 분배하기보다 차라리 한쪽으로 몰아주는 방향으로 발전하는 것도 대안 중 하나라고 봅니다. 그러려면 CPU 및 GPU와 D램을 완전히 합친 통합 구조가 필요합니다. CPU과 GPU가 D램을 흡수하거나 그 반대가 되겠지요. 그래야 비로소 장치 간 데이터 액세스에 소모되는 시간과 에너지를 효과적으로 줄일 수 있을 것입니다. 물론

이 발상은 현실적으로 넘어야 할 장벽이 많습니다. 그중 하나는 CPU 및 GPU와 D램 사이의 물리적인 크기 차이입니다. D램은 25 mm² 정도뿐인데 CPU 칩은 이보다 20~30배 큽니다. 그리고 D램에 사용되는 트랜지스터의 성능도 CPU 및 GPU에 들어가는 것보다 많이 떨어집니다. 이러한 난관들을 어떻게 극복할지 깊게 고민하면서 차세대 하드웨어 모습을 그려보는 과정이 우리 앞에 남아 있습니다.

3장

반도 채 몰라도 이해할 수 있는
반도체 기술

신창환 │ 고려대학교 전기전자공학부 교수

신창환

현現 고려대학교 전기전자공학부 교수

고려대학교 전기공학부 학사
미국 UC 버클리 전기컴퓨터공학부 박사
서울시립대학교, 성균관대학교 교수 역임
SK하이닉스 사외이사 역임

반도체란 무엇인가?

이 장에서는 차세대 반도체 중에서도 특히 CPU와 GPU에 들어가는 연산용 반도체 소자와 제조 공정 기술을 알아보겠습니다. 이를 위해 먼저 반도체가 무엇인지 정의해보겠습니다. 반도체semiconductor란 27°C 또는 300 K^{Kelvin}에서 전기가 통하는 도체conductor와, 전기가 통하지 않는 부도체insulator의 중간 정도의 전기 전도율을 지닌 물질입니다(그림 3-1). 흥미롭게도 순수한 반도체 물질은 일반적으로 전기가 통하지 않는 부도체와 특성이 비슷합니다. 그래서 빛이나 열을 가하거나, 특정 불순물을 첨가하여 전기가 잘 흐르도록 해야 하지요. 소고기에 비유하면 열을 가하는 방법이나 조미료에 따라 고기 맛이 달라지는 것과 비슷합니다. 실리콘silicon, Si이라는 결정 소재에 어떤 불순물을 얼마나 넣느냐에 따라 전기전도율이 약 100만 배까지 달라질 수 있지요.

| 도체 | 백금 | 반도체 | 실리콘 | 부도체 | 나무 |

| | 구리 | | 저마늄 | | 옷감 |

| 그림 3-1 | **도체, 부도체와 반도체**

반도체 전공정 - 모래에서 웨이퍼 생산까지

　그럼 반도체는 어떻게 만들까요? 반도체는 수백 번의 복잡하고 정교한 과정을 거쳐 탄생합니다(그림 3-2). 우선 웨이퍼wafer가 필요하지요. 여름철 바닷가 백사장에 가면 볼 수 있는 모래를 깨끗이 세척하고 도가니crucible에 담아 1,450 °C까지 가열하면 액체 상태의 실리콘을 얻을 수 있습니다. 여기에 씨앗층seed layer을 얹어서 끌어당기면 잉곳ingot이라는 2 m 길이의 실리콘 덩어리가 생성됩니다. 이것을 다이아몬드 톱으로 얇게 자르면 표면에 회로가 없는 상태의 웨이퍼를 뜻하는 베어 웨이퍼bare wafer가 완성됩니다.

　이후의 반도체 제조 공정은 크게 웨이퍼 표면에 집적회로를 형성하는 전공정(前工程)front-end process과, 가공을 마친 칩을 패키징하는 후공정(後工程)back-end process으로 나뉩니다. 전공정은 팹fab, fabrication 공정이라고도 하는데, 이를 다시 페올front-end-of-line, FEOL 공정과 베올back-end-of-line, BEOL 공정으로 세분화하기도 합니다. 페올 공정은 웨이퍼 기판 위에 반도체 부품 소자를 집적하는 과정이고, 베올 공정은 반도체 소자와 소자 사이에 전자가 이동할 수 있는 금속 배선을 만드는 과정이지요.

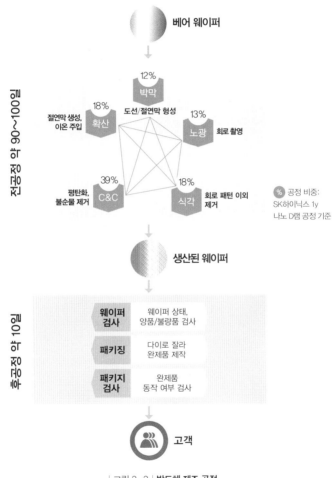

| 그림 3-2 | 반도체 제조 공정

베어 웨이퍼를 페올 공정에 투입할 때는 먼저 실리콘 표면을 외부 불순물로부터 보호하기 위해 산화막을 형성합니다. 이후 노광photolithography 공정을 거칩니다. 설계한 미세 패턴을 포토마스크photomask에 새기고, 웨이퍼에는 빛에 민감한 포토레지스트photoresist를 도포합니다. 그리고 노광 장비를 이용해 웨이퍼에 패턴을 전사print합니다. 확산diffusion 공정에서는 전기전도율을 높이기 위해 이온을 주입하는데, 이때 주입하는 이온에 따라 반도체는 p형 또는 n형의 기본 종류로 나뉩니다. 각 단계를 끝낼 때는 공정 결과를 확인하는 계측 검사metrology & inspection를 실시합니다.

이제 준비한 웨이퍼 위에 반도체 소자를 만드는 과정을 살펴보겠습니다(그림 3-3). 3차원 입체 구조의 핀펫FinFET 반도체를

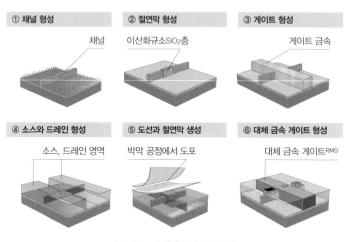

| 그림 3-3 | 핀펫 소자 제조 과정

예시로 들겠습니다. 먼저 노광 공정을 통해 빛에 노출된 포토레지스트를 현상 용액development solution으로 처리하면 쉽게 떨어져 나갑니다. 이후에는 포토레지스트로 가려지지 않은 영역을 식각etching 공정을 이용해 제거합니다. 그러면 담벼락 모양의 채널channel이 만들어집니다(그림 3-3①). 그 위에 절연막 역할을 하는 이산화규소SiO₂층과 게이트gate 금속을 올리고, 게이트 왼쪽과 오른쪽에 전자가 가득 담겨 있는 소스source와 드레인drain 영역도 형성합니다(그림 3-3②~④). 이후 박막thin film 공정을 통해 다음 단계에 필요한 보호층과 소자 간 접점을 만듭니다(그림 3-3⑤). 최근의 공정 기술은 소스와 드레인을 형성한 후 대체 금속 게이트replacement metal gate, RMG를 다시 형성하는 추세입니다(그림 3-3⑥). 게이트 전압을 변경하여 드레인과 소스 사이 전류 흐름을 제어해, 연산을 처리하는 데 사용되는 트랜지스터를 완성하여 페올 공정을 마무리합니다.

첨단 D램 메모리 공정 기준, 완성된 반도체 웨이퍼 하나에는 2,000여 개 이상의 칩이 들어 있습니다(그림 3-2). 전공정에서 만든 수많은 트랜지스터를 잘 연결하여 복잡한 연산을 빠르게 처리하도록 하려면 완성된 기판 상층부에 전기 도금 공정으로 금속 배선층을 만들어야 합니다. 이후 여러 미세 패턴이 얽히다 보니 평탄하지 않은 표면을 화학적, 기계적으로 연마chemical mechanical polishing, CMP하고, 여러 공정을 거치면서 섞인 불순물도 제거합니다. 이렇게 해서 베올 공정을 마무리합니다.

반도체 패키징 공정 – 웨이퍼에서 최종 제품까지

수백 번의 공정을 거쳐 웨이퍼를 생산하면 패키징 공정으로 넘어갑니다(그림 3–2). 먼저 최초의 전공정에서 소자가 잘 형성되었는지 확인하고, 불량품을 분류electrical die sorting, EDS합니다. 양품은 다이die라고 불리는 작은 사각형 조각으로 피자처럼 자르고, 인쇄 회로 기판printed circuit board, PCB 위에 모아 붙여 모듈 형태의 최종 제품을 제작하는 패키징 공정을 거치지요. 마지막으로, 제조사 마크를 찍고 포장지에 예쁘게 담아 고객에게 전달합니다.

이렇게 하나의 칩을 완성하기까지 어느 정도의 시간이 걸릴까요? D램 메모리 칩은 SK하이닉스 2세대 10나노급 공정 기준으로 500~600개의 공정 과정을 밟고, 전공정에 약 100일, 후공정에 10일이 소요됩니다(그림 3–2). 1년을 기준으로 보면 한 분기, 즉 3개월이 조금 넘습니다.

반도체 구조의 기본 – 금속산화물 반도체

최근 언론 보도에는 10나노, 3나노 등 반도체 공정 기술에 관한 용어가 자주 등장합니다. 반도체 제조 공정 기술이 지금까지 어떻게 발전해왔고, 그 과정에서 반도체 구조는 또 어떻게 변모해왔는지를 살펴보겠습니다. 우선 가장 기본적인 반도체 소자의 단면을 살펴보겠습니다(그림 3-4). 윗부분 빨간색 영역이 금속 소재의 게이트이고, 그 아래 얇은 회색 막이 산화물oxide, 가장 아래 황갈색 영역이 반도체 기판semiconductor substrate입니다. 그래서 금속산화물 반도체metal-oxide semiconductor, MOS라고 부르지요. 왼쪽에 소스가 있고 오른쪽에 드레인이 있는데, 소스에 저장된 많은 전자가 드레인으로 이동하면서 전류가 흐릅니다. 이때 통로를 열고 닫는 문지기 역할을 하는 것이 바로 게이트입니다. 이처럼 금속산화물 반도체 구조에 기반한 전계 효과 트랜지스터field-effect transistor, FET를 모스펫MOSFET이라고 합니다. 세계 최초 모스펫은 1960년에 개발된 2차원 구조의 평면 모스펫입니다.

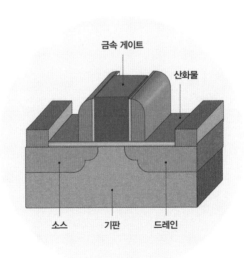

| 그림 3-4 | 평면 모스펫 구조

응력공학과 고유전체, 공정 수준을 끌어올리다

반도체 소자 구조를 얼마나 미세하게 구현할 수 있는가를 결정하는 제조 공정의 기술 수준을 노드[node]라고 합니다. 지난 20년간 공정 노드는 놀라울 만큼 빠르게 발전해왔습니다. 2000 년대 초반 90나노에서 출발했지만, 앞서 언급한 것처럼 지금은 3나노 혹은 그 이하 수준까지 도달했습니다. 반도체 제조 공정 이 발전해온 역사에서 가장 먼저 일어난 혁신은 응력공학[stress engineering] 덕분이었습니다. 트랜지스터의 채널, 즉 소스와 드레인 영역 사이 공간에 존재하는 실리콘 원자들에 기계적 응력을 가 하면 일할 수 있는 에너지가 축적됩니다. 서로 다른 크기의 원자 가 결합되어 있는 실리콘저마늄[silicon germanium, SiGe] 소재를 사용 하면, 실리콘 100 % 소재를 사용할 때보다 채널 속 실리콘 원자 에 더 큰 응력이 가해지고 결과적으로 양공[hole][1]의 이동도를 높 일 수 있습니다. 실제로 실리콘저마늄 소재를 이용함으로써 동 일한 전압에서 흘릴 수 있는 전류의 값을 5~10 % 이상 향상시 켰고, 65나노 공정 노드에는 좀 더 발전된 2세대 응력공학을 도 입했습니다.

45나노 노드에서는 하이케이 메탈 게이트[high-k metal gate, HKMG] 기술이 도입되었는데, 이 기술이 필요했던 이유는 다음과

---

1 — 전자가 에너지를 얻어 들뜬 상태가 될 때 생기는 전자의 빈자리를 뜻하는 용어. 음전하를 갖는 전 자와 반대로 양전하를 띠는 가상 입자.

같습니다. 평면 모스펫(그림 3-4) 구조에서 게이트와 기판 사이 얇은 산화물층을 점점 더 얇게 만들다 보니 게이트가 전류를 제어하지 못해 전류가 누설되는 문제가 생겼습니다. 그래서 반도체공학자들은 '물리적으로는 두껍고 전기적으로 얇은 절연막을 어떻게 구현할 수 있을까?'를 고민했습니다. 이를 계기로 기존의 이산화규소보다 유전상수dielectric constant, k가 큰 고유전체high-k dielectric material인 이산화하프늄hafnium dioxide, HfO2을 절연막에 쓰게 되었지요. 최근에는 란타넘lanthanum 기반 산화물도 새로운 절연막 소재로 연구되고 있습니다.

인텔이 세계 최초로 하이케이 메탈 게이트 기술을 도입한 이래 거의 모든 제조사가 32나노 노드부터 이 기술을 도입했습니다. 하이케이 유전체 절연막과 함께 게이트 소재도 기존의 실리콘에서 열에 취약한 금속으로 대체하면서 제조 공정 순서상 게이트를 소스와 드레인 이후에 생성하는 게이트라스트gate-last 방식을 새롭게 적용했습니다. 한동안 게이트퍼스트gate-first 방식과 게이트라스트 방식을 두고 전문가들이 다양한 이견을 제시했지만

| 그림 3-5 | 트랜지스터 구조 및 공정 기술 발전 과정

이제는 대부분의 제조사가 게이트라스트 방식을 택하고 있습니다.

3차원 소자 구조의 문을 연 핀펫과 멀티브리지 채널 펫

2011년 5월 《월스트리트저널Wall Street Journal》이 중요한 기사를 보도했습니다.[2] 인텔이 세계 최초로 반도체 소자의 근원적 구조를 변화시키겠다고 선언한 일이었습니다. 2차원 평면 구조에서는 게이트를 1개만 쓰기 때문에 전류 흐름을 관리하기가 용이하지 않았습니다. 그래서 인텔은 2차원 구조를 3차원으로 바꾸고 게이트 수를 늘려서 보다 낮은 전압으로 더 높은 수준으로 전류 흐름을 관리하는 아이디어를 제시했습니다. 그리고 좁고

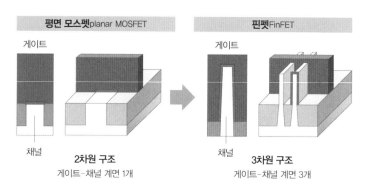

| 그림 3-6 | **평면 모스펫 vs. 핀펫**

2 — 《The Wall Street Journal》, "Intel, Seeking Edge on Rivals, Rethinks Its Building Blocks", 2011년 5월 4일 자(https://www.wsj.com/articles/SB10001424052748703937104576303180600624322).

긴 물고기 지느러미^{fin} 형태의 실리콘 채널 위에 구렁이 담 넘어 가듯 게이트 물질을 올려 이 구조를 구현했습니다. 이런 구조적 특징에서 핀펫^{FinFET}이라는 이름이 유래했지요. 그림 3-6과 같 이 게이트가 앞면, 뒷면, 윗면의 채널을 관리할 수 있기 때문에 게이트 전류를 훨씬 용이하게 제어할 수 있습니다.

2011년 인텔이 22나노 기반 3차원 트라이게이트^{tri-gate} 구 조를 세계 최초로 도입한 이래 핀펫 기술은 14나노, 10나노를 거치면서 4나노 기술까지 진보했습니다. 하지만 현대의 반도체 기술은 여기서 그치지 않고 계속 발전했지요. 최근 삼성전자 파 운드리 사업부가 세계 최초로 3나노 노드 서비스를 제공하면서 새로운 기술을 선보였습니다. 게이트가 채널을 둘러싼 게이트올 어라운드^{gate-all-around, GAA} 구조의 멀티브리지 채널 펫^{multi-bridge} ^{channel FET, MBCFET}입니다. 구조를 살펴보면 게이트가 흰색 채널 영역을 둘러싸고 있습니다(그림 3-7). 사실상 인간이 구현할 수

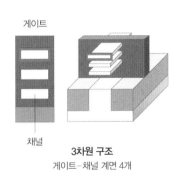

게이트

채널

3차원 구조
게이트-채널 계면 4개

| 그림 3-7 | **멀티브리지 채널 모스펫**

있는 3차원 소자 구조의 정점에 이른 기술이라고 볼 수 있습니다.

반도체공학자들은 이처럼 열심히 게이트 수를 늘려서 무엇을 얻으려 할까요? 바로 게이트 제어력controllability입니다. 구조를 자세히 들여다보면 게이트와 채널 사이 경계에 절연막이 있는데, 게이트 소재인 금속 – 절연체 – 금속 구조가 마치 커패시터와 같습니다. 조금 전문적인 용어로 말하면 게이트 제어력을 높인다는 것은 게이트와 채널 사이의 용량성 결합capacitive coupling을 높이는 것이라고 할 수 있습니다. 다시 말해 3차원 구조를 도입함으로써 용량성 결합을 높여 동일한 전압에 대한 전류 밀도를 향상시키고, 부차적으로는 미세화로 인해 채널 길이가 짧아져 생기는 여러 2차 효과도 쉽게 해소할 수 있습니다.

기술 리더십은 이제 동북아로

오늘날 반도체 기술 분야의 경쟁 양상을 보면 3나노 첨단 공정 구현과 관련하여 어느 쪽이 더 빠르게 수율을 확보하고, 혁신적인 반도체 소자 구조로 고객에게 접근하느냐가 관건입니다. 이전에는 인텔이 10나노 노드에 이르기까지 하이케이 메탈 게이트, 핀펫 등을 선도적으로 도입하면서 기술 리더십을 이어왔지만 이제는 10나노를 기점으로 제조 역량, 제조 관리 능력이 뛰어난 동북아시아의 기업으로 기술 리더십이 넘어오고 있습니다.

　대만의 TSMC는 종래에 제조 공정에 따라 엄격하게 제한되었던 핀 개수를 회로 설계자가 자유롭게 정의할 수 있도록 문호를 열었습니다. 이를 핀플렉스FinFLEX 기술이라고 합니다. 삼성전자 파운드리 사업부는 세계 최초로 게이트올어라운드 형태의 멀티브리지 채널 모스펫을 적용한 양산 서비스를 시작했습니다. 사실 인텔의 10나노 핀펫 기술도 집적도 면에서는 타사의 7나노급 공정 기술과 동일한 수준입니다. 인텔은 한때 놓쳐버린 기술 리더십을 다시 차지하기 위해 1년에 기술 노드 하나씩 개발하여 5나노, 3나노, 2나노에 이르는 기술을 지속적으로 개발하겠다고 선언하고 쫓아오고 있습니다.

구동 전압, 왜 낮추기 어려운가?

　지속적인 반도체 기술 고도화에도 불구하고 기술적 한계에 봉착해 앞으로 나아가지 못하는 부분이 있습니다. 바로 구동 전압power supply voltage, VDD입니다. 약 20년 전 90나노 노드에서 사용한 구동 전압은 1.2 V입니다. 3나노까지 공정 기술이 발전한 지금 반도체에 사용되는 구동 전압은 몇 볼트일까요? 0.65 V입니다. 반도체 집적도가 몇십 배 증가하고 연산 속도, 소모 전력 등 다양한 분야가 엄청난 혁신을 거듭하는 동안 구동 전압 개선

폭은 50 %에도 못 미칩니다.

　구동 전압 문제가 어째서 해결하기 어려운지 이해를 돕기 위해 기술적인 부분을 설명해보겠습니다. 모스펫 구조에서 소스를 가득 채운 전자가 드레인으로 넘어오려면 에너지 장벽을 넘어야 합니다(그림 3-8(A)). 이때 게이트에 걸리는 전압gate-source voltage, VGS을 0 V에서 구동 전압까지 서서히 올리면 전기장 때문에 에너지 장벽의 높이가 낮아지면서 소스 영역의 전자가 드레인 영역으로 넘어가고, 그림 3-8(B)의 그래프와 같이 드레인으로 흐르는 전류가 증가하기 시작하지요.

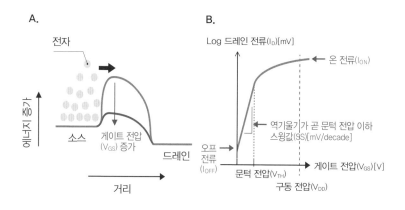

| 그림 3-8 | **에너지 장벽과 구동 전압**

　그림 3-8(B)의 그래프에서 중요한 것은 기울기인데, 이 기울기의 역수inverse slope를 문턱 전압 이하 스윙sub-threshold swing, SS이라고 표현합니다. 어렵게 보이지만 단위를 살펴보시기 바랍

니다. 드레인 전류drain current, I_D를 10배1 decade 늘리는 데 필요한 게이트 전압이 몇 mV인지 표현한 수치입니다. 반도체 이론을 연구하는 분들이 계산한 결과에 따르면 최소한 60 mV가 필요합니다. 이를 볼츠만 한계Boltzmann's tyranny라고 부르지요. 이 한계를 돌파하기 위해 여러 연구자가 지금도 연구하고 있습니다. 저도 그중 하나입니다.

작은 변화로 큰 변화를 도모하다

특히 제 연구의 모토는 아주 작은 변화를 통해 근원적인 변화를 만들어보자는 것입니다. 공정 단계에 어떤 작은 변화를 일으킴으로써 트랜지스터의 구동 전압을 낮출 수 있을지 고민한 끝에 다음과 같은 실험을 했습니다(그림 3-9). 평면 모스펫의 산화물층에 이산화규소가 아닌 새로운 강유전 물질 기반 외부 커패시터를 추가한 강유전체ferroelectric 소자를 구현해보니 60 mV/decade 이하의 문턱 전압 이하 스윙값을 얻을 수 있었습니다. 이 실험을 하던 당시에는 중합체polymer 기반 강유전 물질P(VDF-TrFE)을 사용했는데, 지금은 이산화하프늄을 사용하고 있습니다.

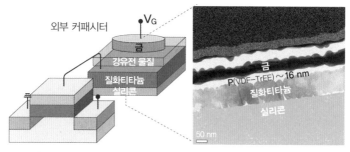

외부 커패시터

V_G

금

강유전 물질

질화티타늄

실리콘

P형 모스펫

금

P(VDF-TrEE) ~ 16 nm

질화티타늄

실리콘

50 nm

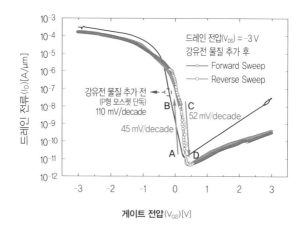

드레인 전압(V_{DS}) = -3 V
강유전 물질 추가 후
— Forward Sweep
— Reverse Sweep

강유전 물질 추가 전
(P형 모스펫 단독)
110 mV/decade

52 mV/decade

45 mV/decade

B

C

A

D

드레인 전류(I_D)[A/μm]

게이트 전압(V_{GS})[V]

| 그림 3-9 | **강유전체 소자**

여기서 멈추지 않고 또 다른 작은 변화를 시도할 수 있을지 고민했지요. 앞서 살펴본 핀펫은 어차피 전기 도선을 통해 서로 연결되어야 하니, 도선 내부에 작은 보조 소자를 넣어 소자 특성을 근원적으로 변화시킬 수 있을 것 같았습니다. 실제로 금속 절연체 전이metal-insulator transition, MIT 소재를 이용하여 원자 기반 문

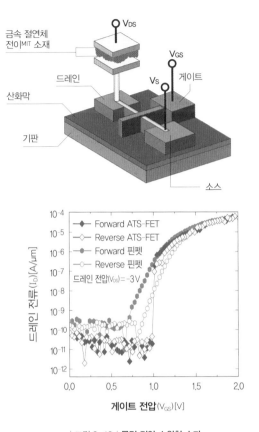

| 그림 3-10 | **문턱 전압 스위칭 소자**

턱 전압 스위칭atomic threshold switching, ATS 소자를 만들고 실험해보
니 게이트 전압이 증가함에 따라 드레인 전류가 기존보다 오래
유지되다가 어느 순간 급격하게 증가했습니다(그림 3-10). 다시
말해 전류를 10배 올리기 위해 필요한 문턱 전압 스윙값이 현저
하게 개선되었습니다.

이처럼 간단한 변화를 통해 3차원 차세대 반도체 소자의 미세화를 더 연장할 수 있는 방안을 계속 연구하고 있습니다. 특히 이미 잘 갖추어진 실리콘 기반의 양산 기술에 작지만 핵심적인 변화를 추가하여 큰 영향을 미칠 수 있다면 미래 반도체 제조 공정 기술에 중요한 선도적 역할을 할 수 있을 겁니다. 우리나라의 젊은 인재들도 이 분야에 관심을 두고 혁신적인 소재와 구조를 연구하면 앞으로 대한민국의 반도체 기술 리더십에 더 많은 기회가 있을 것이라고 생각합니다.

4장

글로벌 반도체 기술 패권 경쟁과 공급망 재편

• 신창환 | 고려대학교 전기전자공학부 교수 •

신창환

현재 고려대학교 전기전자공학부 교수

고려대학교 전기공학부 학사
미국 UC 버클리 전기컴퓨터공학부 박사
서울시립대학교, 성균관대학교 교수 역임
SK하이닉스 사외이사 역임

반도체 가치 사슬, 어떻게 구성되어 있나?

앞서 1장에서 석민구 교수님이 반도체 공급망을 다루셨는데, 복습 차원에서 반도체 생태계를 한 번 더 살펴보겠습니다(그림 4-1). 우선 전문적으로 반도체 칩을 설계하는 팹리스fabless 업체에 관해 언급하겠습니다. 대표적인 회사는 미국의 퀄컴, 엔비디아입니다. 그다음으로 반도체 생산만 전문으로 하는 파운드리foundry에는 대만의 TSMCTaiwan Semiconductor Manufacturing Company, 한국의 삼성전자 파운드리 사업부, 그리고 미국의 글로벌파운드리GlobalFoundries, GF 등이 있지요. 또한 생산된 웨이퍼로 모듈을 만드는 패키징packaging 업체가 있습니다. 외주 반도체 패키지·테스트outsourced semiconductor assembly and test, OSAT 업체로는 미국의 앰코테크놀로지Amkor Technology, 대만의 ASEAdvanced Semiconductor Engineering 등이 대표적입니다. 가치 사슬value chain의 기본 구조를

| 그림 4 -1 | **반도체 가치 사슬**

보면 팹리스 회사가 파운드리에 제조를 맡기고, 패키징까지 끝 난 칩을 받아서 판매합니다.

설계뿐 아니라 제조, 패키징, 판매까지 모두 하는 곳도 있지 요. 이런 회사를 종합 반도체 업체integrated device manufacturer, IDM라 고 합니다. 한국의 SK하이닉스와 삼성전자, 미국의 인텔과 마이 크론, 일본의 키옥시아 등입니다. 키옥시아의 전신은 과거의 도 시바메모리Toshiba Memory Corporation입니다.

반도체 산업을 기준으로 볼 때 앞에 있는 전방 산업에는 갤 럭시와 아이폰 같은 모바일 기기, 컴퓨터, 자동차, 방위 산업 등 이 포함됩니다. 후방 산업은 팹리스 업체가 칩을 설계하는 데 필요한 각종 도구를 제공합니다. 반도체 회로의 핵심인 반도체 설계 자산intellectual property, IP을 제공하는 영국의 암Arm, 설계 소프트웨어 전자 설계 자동화electronic design automation, EDA를 제공하는 미국의 케이던스Cadence와 시놉시스Synopsys가 여기에 들어갑니다. 파운드리 업체에 필요한 제조 설비, 즉 반도체 공정 장비 및 측정 장비는 미국의 어플라이드머티어리얼즈Applied Materials, AMAT, 램리서치Lam Research, 네덜란드의 ASML, 일본의 도쿄일렉트론Tokyo Electron 등이 제공합니다. 한편으로는 반도체 소재도 필요하겠지요. 반도체의 핵심 원재료를 제공하는 업체로 미국의 듀폰DuPont 등이 있고, 웨이퍼를 공급하는 업체로는 일본의 신에츠Shin-Etsu와 섬코Sumco 등이 있습니다.

어느 나라가 무엇을 잘하나?

반도체 가치 사슬의 각 영역을 어느 나라가 주도하는지 알아보겠습니다(그림 4-2). 한 문장으로 요약하면, 설계와 장비 분야는 미국이, 전공정은 한국과 대만이, 후공정은 대만과 중국이 잘하고, 첨단 소재 분야는 일본이 잘합니다. 첨단 반도체 설계는 사실상 미국이 주도하고 있지요. 다만 D램 설계만은 한국이 선도하고 있습니다. 그리고 반도체 설계에 필요한 설계 자동화 소프트웨어와 설계 자산 코어IP core는 미국과 영국이 주로 공급하고 있습니다.

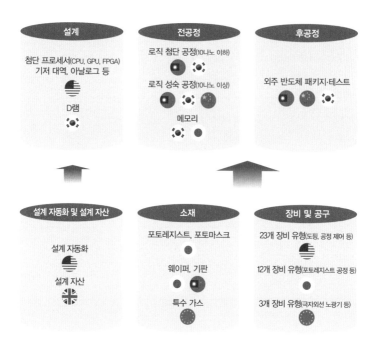

| 그림 4 - 2 | **반도체 가치 사슬 항목별 주요 국가**(비중 65% 이상)

전공정은 크게 첨단advanced 공정과 성숙legacy 공정으로 나 눕니다. 첨단 공정은 대만과 한국이 잘하고, 성숙 공정 분야에는 대만과 한국뿐 아니라 중국도 포진하고 있습니다. 메모리 반도 체 전공정은 사실상 한국, 미국, 일본 순으로 지배하고 있고, 후 공정은 대만과 중국을 중심으로 돌아갑니다. 전공정과 후공정에 필요한 장비는 미국, 일본, 유럽의 회사들이 주로 공급하며, 소재 와 관련한 회사는 일본과 대만, 그리고 유럽 위주로 편성되어 있 습니다.

부상하는 메모리 반도체 시장

　반도체 시장 규모는 2020년 기준으로 5,000억 달러 가까이 됩니다. 반도체 시장을 크게 양분하는 시스템 반도체와 메모리 반도체 비율은 7:3 정도입니다(그림 4-3). 주목할 것은 D램

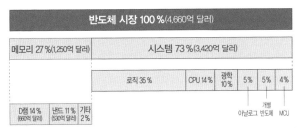

반도체 시장 100 %(4,660억 달러)		
메모리 27 %(1,250억 달러)	시스템 73 %(3,420억 달러)	

로직 35 %　　CPU 14 %　광학 10 %　5 %　5 %　4 %

D램 14 %(660억 달러)　낸드 11 %(530억 달러)　기타 2 %

아날로그 반도체　개별 반도체　MCU

*2020년 기준

· 로직: AP, GPU, baseband, connectivity 등 ASIC/ASSP 반도체
· MCU: microcontroller unit

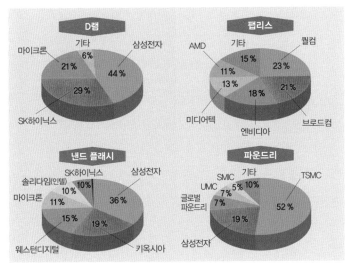

D램
마이크론 21 %　기타 6 %　삼성전자 44 %　SK하이닉스 29 %

팹리스
AMD 11 %　기타 15 %　퀄컴 23 %　미디어텍 13 %　18 %　21 %　엔비디아　브로드컴

낸드 플래시
솔리다임(인텔) 10 %　SK하이닉스 10 %　삼성전자 36 %　마이크론 11 %　15 %　19 %　웨스턴디지털　키옥시아

파운드리
UMC 7 %　SMIC 7 %　기타 5 %　10 %　TSMC 52 %　글로벌 파운드리　19 %　삼성전자

| 그림 4-3 | 반도체 시장 구성과 주요 기업

시장 크기가 660억 달러 정도로 CPU의 시장 크기와 동일하다는 점입니다. 과거의 시장은 시스템 중심이었지만 이제는 메모리 중심으로 재편되고 있다는 신호로 해석할 수 있습니다.

현재 D램 메모리 시장은 한국의 SK하이닉스와 삼성전자, 미국의 마이크론이 장악한 과점 체제입니다. 낸드 플래시 메모리 시장에는 한국의 SK하이닉스와 삼성전자, 인텔의 낸드 사업부를 SK하이닉스가 인수해 출범한 솔리다임Solidigm, 일본의 키옥시아, 미국의 마이크론과 웨스턴디지털Western Digital이 참여하고 있습니다. 2023년 상반기 기준으로 큰 경기 하락을 거치면서 웨스턴디지털이 여기서 빠질 가능성도 있기 때문에 낸드 시장이 앞으로 어떻게 재편될지, 그리고 앞으로 메모리 시장이 어떻게 성장할지도 유심히 살펴볼 만한 관전 요소입니다.

미국과 중국의 반도체 패권 경쟁

최근 미국과 중국이 반도체 산업을 중심으로 첨예하게 경쟁하고 있지요. 그림 4-4를 보면 양상이 왜 그렇게 되었는지를 이해할 수 있습니다. 첨단 공정에 해당하는 10나노 이하 반도체를 생산할 수 있는 나라는 대만과 한국뿐입니다. 미국은 생산할 수 없는데, 미국은 바로 이 부분을 가장 두려워한다고 볼 수 있습니다. 따라서 10나노 이하의 첨단 반도체 제조 공정 역

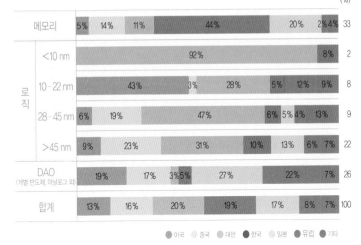

| | 그림 4-4 | **국가별 반도체 생산 점유율**

량을 북미 대륙으로 가져가고 싶을 겁니다. 미국과 중국이 치열하게 경쟁하는 이유도 여기에 있는 셈입니다.

어찌 보면 이러한 산업 생태계에서 반도체 패권을 둘러싼 미국과 중국의 경쟁은 예정된 수순이었을지도 모릅니다. 실제로 약 2년 전에 전문가들이 예상한 가상 기사 2개를 살펴보겠습니다(그림 4-5).

기사 내용을 요약하면, 첨단 반도체 제조 공정 기술력을 두고 미국과 중국이 갈등하는 과정에 대한 시나리오, 특히 대만 지역을 중심으로 군사적 긴장이 커지는 상황에 대한 구체적 상상입니다. 가까운 미래에 관한 가상 기사니까요, 실제가 아니라는 점을 염두에 두시기 바랍니다. 물론 지금 보면 진짜 같지만 말이지요.

가상 기사 1

코로나 팬데믹을 계기로 전 세계적으로 확산된 '반도체 부족 사태'. 각국이 앞다퉈 반도체 물량을 확보하려는 가운데, 세계 반도체 공급망을 자국 중심으로 재편하기 위한 미-중 패권 경쟁이 가열되고 있다.

조 바이든 미국 대통령이 "중국 공산당은 공격적으로 반도체 공급망을 재정비하고 지배할 계획이지만, 미국인들이 기다려야 할 이유는 없다"라며 미국 중심의 공급망 재편 의지를 밝힌 한편, 에릭 쉬Eric Xu 화웨이 순환회장도 "반도체 공급 부족의 주요 원인은 미국의 제재라는 점에 의심의 여지가 없다"라며 강경하게 맞서고 있다.

또한 미국은 반도체 공급망 회복을 논의하기 위한 최고경영자 정상회의를 주최하는 등 동맹국과 파트너 사이에 반도체 동맹 가치 사슬을 구축하기 위해 박차를 가하고 있다. 여기에 더해 미국은 "한국이 반도체 동맹에 조기 합류한다면 한미 동맹을 더욱 굳건하고 호혜적으로 발전시키겠다는 의지로 받아들일 것"이라며 한미 동맹을 앞세워 최첨단 반도체 생산국인 한국이 합류하도록 강력히 촉구하고 있다.

이에 대해 중국은 "한국이 미국 반도체 동맹에 합류할 경우 각종 무역에 불이익 카드를 내세워 경제적 타격을 가할 것"이라며 압박하는 한편, "한국이 미국 반도체 동맹에 합류하지 않는다면 무역 협상에서 다각적인 양보안을 제시하며 한중 간 신뢰와 파트너십을 공고히 할 것"이라며 한중 관계의 새로운 발전을 위해 노력할 것임을 선언하는 동시에 미국의 제재에 대해 한국이 함께 적극 대응해줄 것을 요구하고 있다.

날로 격화되는 미-중 간 힘겨루기의 소용돌이 속에서 한국이 어떤 선택을 해야 할지가 초미의 관심사이다.

−2021년 4월 29일

가상 기사 2

오늘 오전 11시, 중국의 미사일 호위함 장저우호가 대만해협의 중앙선을 침범하고, 중국 인민해방군의 J-16 전투기 10대와 H6K 폭격기 4대 및 이례적으로 KJ-500 공중 조기 경보 통제기 1대가 대만 방공 식별 구역을 침범했다고 대만 국방부가 발표한 가운데, 미국의 인도태평양사령부는 항공모함 시어도어 루스벨트호가 이끄는 항모 타격 전단이 남중국해에서 대만 쪽으로 이동하고 있다고 밝혀 긴장이 고조되고 있다. 젠 사키Jen Psaki 백악관 대변인은 미국의 이러한 결정은 대만에 대한 중국의 압력 행사를 좌시할 수 없다는 바이든 행정부의 단호한 대처에서 나왔다고 밝혔다.

중국은 반도체 굴기 이행 및 자국 내 반도체 부품 수급 문제 개선을 위해 "원 차이나One China"라는 가치 아래 지난 수년간 대만 TSMC에 중국 팹리스 기업의 반도체 칩을 우선적으로 생산하도록 약속하고 전기차의 주요 칩을 공급해달라고 강하게 요구해온 것으로 알려졌다. 이에 대만 TSMC는 GAFA로 불리는 구글, 애플, 페이스북, 아마존을 포함한 미국 주요 고객에 대한 반도체 칩 공급을 연기하기 어렵다고 재차 강조했다.

향후 대만 반도체 산업 현장이 미-중 간 갈등 및 무역 전쟁의 핵심 전장이 될 것으로 보이며, 이에 따라 국내 반도체 기업 및 대한민국 외교부 등 정부 차원의 전략 마련도 시급해 보인다.

−2021년 4월 29일

| 그림 4 - 5 | 미-중 반도체 패권 경쟁을 전제로 한 가상 기사

반도체 공급망, 미국의 규제와 중국의 반응은?

미국과 중국의 갈등이 앞으로 반도체 공급망 각 분야에 어떤 영향을 미칠지 전망해보겠습니다. 우선 '첨단'의 기준을 정할 필요가 있습니다. 팹리스의 경우 AI에 사용되는 반도체 칩을 첨단 반도체로 정의하고, 로직 반도체는 14나노 이하 공정 제품, 메모리 반도체는 128단 이상의 3D 낸드 칩과 1세대 18나노 이하의 D램 칩을 첨단으로 정의해보겠습니다.

먼저 반도체 소재 분야에서는 미국이 일본, 대만, 한국, 미국으로 구성된 팹4Fab 4 동맹국 업체들이 첨단 노드용 소재를 중국에 수출하는 것을 제한하는 조치를 취할 수 있습니다. 그러면 극자외선 공정의 핵심 기반 소재인 포토마스크와 포토레지스트 원재료, 첨단 낸드 식각 공정에 필요한 특수 가스, 첨단 로직에 필요한 절연막 전구체precursor[1], 첨단 메모리용 유전막 전구체 등 모두가 수출 제한의 영향권에 들어갑니다(그림 4-6). 이러한 핵심 소재의 공급망은 미국, 한국, 일본 중심으로 구축되어 있고, 중국은 빠져 있습니다. 미국은 이것을 무기 삼아 중국을 압박하려 하겠지요.

미국이 본격적으로 제재를 실행하면 중국 내에 생산 시설을 운영하고 있는 한국의 반도체 소자 기업 SK하이닉스(우시無錫 소

---

1 — A + B → C라는 화학반응을 통해 C라는 절연막을 만든다고 할 때, A와 B를 절연체 C의 전구체라고 한다.

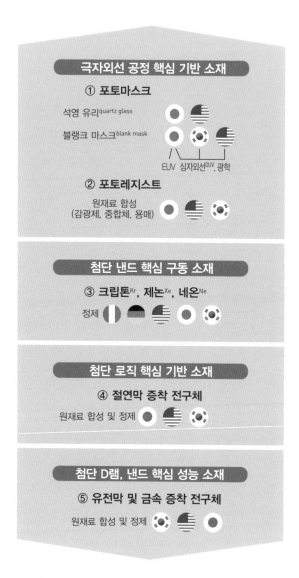

극자외선 공정 핵심 기반 소재

① 포토마스크

석영 유리quartz glass

블랭크 마스크blank mask

EUV 심자외선DUV, 광학

② 포토레지스트

원재료 합성
(감광제, 중합체, 용매)

첨단 낸드 핵심 구동 소재

③ 크립톤Kr, 제논Xe, 네온Ne

정제

첨단 로직 핵심 기반 소재

④ 절연막 증착 전구체

원재료 합성 및 정제

첨단 D램, 낸드 핵심 성능 소재

⑤ 유전막 및 금속 증착 전구체

원재료 합성 및 정제

| 그림 4-6 | 반도체 소재 수출 제한 예상 항목과 주요 생산국

재)와 삼성전자(시안西安 소재)도 첨단 D램과 낸드 제품을 생산하는 데 차질이 생길 것입니다. 중국도 가만히 있지는 않겠지요. 원재료 광물 수출을 금지하는 조치를 취해 보복하는 한편 자체적으로 희귀 가스를 정제하고 전구체를 합성하는 역량을 중국 내에서 확보하기 위해 합작회사와 투자회사 설립을 도모할 겁니다.

장비 부문에서는 첨단 노드용 장비의 중국 수출이 제한될 수 있습니다. 극자외선 장비와 더불어 첨단 낸드 생산에 쓰이는 고종횡비 콘택트high aspect ratio contact, HARC 식각 장비[2]가 대상이 될 겁니다. 한국 기업은 첨단 메모리 제품을 생산하기가 어려워지겠지요. 중국은 첨단 장비를 들여올 수 없으니 부품 성능을 개선하여 우회적으로 장비를 개발하는 데 착수할 겁니다. 예를 들어 극자외선 공정 대신 자가 정렬 4중 패터닝self-aligned quadruple patterning, SAQP[3]을 시도하거나, HARC 식각 공정을 쓰지 않고 웨이퍼 본딩bonding을 통해 웨이퍼 차원에서 칩과 칩을 연결해서 낸드 메모리의 단수를 올리는 전략을 취할 수도 있습니다.

칩 설계에 필요한 설계 자산과 소프트웨어도 제한 대상이 될 수 있습니다. 이 분야의 중국 수출이 제한되면 중국향(向) 첨단 반도체 제품에 미국산 설계 자산과 소프트웨어를 사용할 수 없습니다. 그럼 중국은 설계 자산 기술을 자체적으로 확보하기

2 — 세로(높이) 대 가로(밑변 길이) 비율이 매우 큰 구멍을 만드는 식각 장비.
3 — 초미세 패턴을 한 번에 만들 수 있는 패터닝 기술이 여의치 않을 때 기존 패터닝 기술을 여러 번 사용하여 초미세 패턴을 구현하는 방식.

위해 개발 역량을 집중할 겁니다. 특히 설계 자산이나 소프트웨어는 소재나 장비에 비해 추적하기 어렵기 때문에 이 특성을 활용해 다양한 우회로를 찾으려고 할 겁니다.

반도체 고도화, 공급망 교란에 대비해야

다음으로 반도체의 종류에 따라 나타나리라고 예상되는 시나리오를 살펴보겠습니다. 낸드 플래시 메모리의 주요 기술 혁신은 더 높게 쌓기 위한 새로운 식각 공정, 신호 전달 효율을 높이기 위한 신소재 발굴, 신뢰성 개선 등의 방향으로 진행될 것입니다. 평면 구조를 벗어나 층을 높이 쌓아가는 3D 낸드 구조에서 전류의 통로 역할을 하는 채널 홀channel hole의 종횡비가 뉴욕 맨해튼의 대표적 펜슬 타워pencil tower[4]인 스타인웨이타워Steinway Tower보다도 큰 70:1까지 성장할 전망입니다(그림 4-7). 고난이도 식각 공정을 위해서는 새로운 불화탄화수소hydrofluorocarbon, $C_xH_yF_z$ 계열 가스를 개발할 필요가 있습니다. 또한 신호 전달 속도를 높이기 위해 몰리브덴molybdenum, Mo 신소재를 많이 사용하고, 메모리 칩의 신뢰성을 높이기 위해 중수소deuterium, D_2도 많이 사용할 겁니다.

4 — 높이와 바닥 폭의 비율(세장비)이 10:1을 넘는 건물, 스타인웨이타워는 높이 435 m, 폭 18 m로 세장비가 24:1이다.

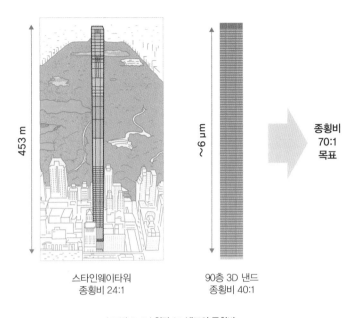

종횡비
70:1
목표

스타인웨이타워
종횡비 24:1

90층 3D 낸드
종횡비 40:1

453 m

~9 μm

| 그림 4-7 | **첨단 3D 낸드의 종횡비**

지정학적 관점에서는 전 세계 형석$^{calcium\ fluoride,\ CaF_2}$ 채취량의 57 %를 차지하는 중국이 공급망을 교란하려 할 가능성이 있습니다. 몰리브덴도 원석 채취량의 56 %를 중국이 장악하고 있기 때문에 이를 이용해 반도체 공급망을 흔들 가능성이 있습니다. 한편 전 세계 중수소 생산의 64 %를 담당하고 있는 인도도 낸드 플래시 메모리 공급망의 주요 국가로 부상할 가능성이 있습니다.

D램 메모리 반도체의 혁신 방향으로는 크게 3D 구조를 도입한 적층, 메모리 셀 용량 극대화, 그리고 초미세 패턴 구현을

낸드의 2D → 3D 구조 변화

메모리 셀

평면 구조 미세화의 한계 수직 적층 구조

D램의 2D → 3D 구조 변화

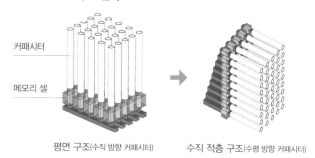

커패시터

메모리 셀

평면 구조(수직 방향 커패시터) 수직 적층 구조(수평 방향 커패시터)

| 그림 4-8 | **첨단 메모리의 3D 구조화**

꼽을 수 있습니다. 우선은 평면 기반에서 3D D램으로 전환하는 과정에서 원천 기술 특허와 관련한 싸움을 어느 국가, 어느 기업이 주도하는지가 관건이 될 전망입니다(그림 4-8). 3D 구조로 넘어가면 실리콘과 실리콘저마늄 이중층bilayer 구조를 여러 단으로 쌓는 데 필요한 사수소화저마늄germanium tetrahydride, GeH₄ 가스가 중요해질 것입니다. 메모리 셀 용량을 높이는 과정에서 음의 전기용량negative capacitance을 활용할 수 있는 지르코늄zirconium, Zr, 하프늄hafnium, Hf 사용량도 더 많아질 예정입니다. 또한 D램 제조

공정에도 초미세 패턴이 중요해지고 있어서 극자외선 공정을 사용하는 추세이고, 공정에 필요한 원재료에 대한 의존도가 무척 높아지고 있습니다.

한편 전 세계 저마늄germanium, Ge 원석 채취량의 65 %를 차지하고 있는 중국이 반도체 공급망 혼란을 야기할 가능성이 있습니다. 지르코늄과 하프늄을 분리하는 공정 및 공급 체계를 장악한 나라는 러시아와 캐나다인데, 이들에 따른 공급망 이슈도 대비할 필요가 있습니다. 극자외선 공정용 블랭크 마스크blank mask, 석영quartz, 포토레지스트는 대부분의 나라가 일본에 의존하고 있습니다. 따라서 일본이 D램 메모리 시장에 본격적으로 참여하면 이것을 공급망을 교란하는 데 이용할 가능성이 있습니다.

앞서 3장에서 살펴봤듯 첨단 로직 반도체는 게이트올어라운드 형태의 진정한 의미의 3D 반도체 소자 구조로 넘어가고 있습니다. 특히 이종 집적heterogeneous integration[5], 첨단 패키징 기술이 주목받으면서 복잡한 3차원 구조를 구현하는 데 필요한 특수 식각 가스 사수소화저마늄, 몰리브덴 신소재, 극자외선 공정용 원재료인 마스크와 포토레지스트에 대한 의존도가 커지고 있습니다. D램 메모리의 경우와 유사한 공급망 문제가 로직 소자에서도 일어날 수 있다는 의미이지요.

---

5 ― 제조사, 기능, 규격 등이 서로 다른 부품을 조립하여 하나의 반도체 칩을 만드는 기술.

미─중 반도체 경쟁 속 한국의 고민은?

미국의 강력한 대중국 수출 규제와 중국의 공급망 교란이라는 위기 앞에서 한국은 어떻게 미래를 준비해야 할까요? 우리가 고민하고 답해야 할 질문들 중 먼저 중국에 관한 질문은 다음과 같습니다. 기술 측면에서 중국의 첨단 반도체 역량이 어디까지 발전할 수 있을까요? 저는 지금부터 3년 안에 5나노 공정을 구현할 수 있을 거라고 생각합니다. 그렇다면 중국의 첨단 반도체 육성을 제약하는 요소는 무엇이고, 중국 정부는 이를 어떻게 해결하려 할까요? 그리고 과연 중국은 자국 중심의 공급망을 어느 수준까지 구축할 수 있을까요?

그리고 미─중 분쟁 상황을 우려하는 목소리가 많은데, 거꾸로 한국이 기회로 활용할 수 있는 영역은 없을까요? 위기는 곧 '위험한 기회'니까요. 이 기회를 잘 이용하면 공급망 안보와 경제적 효율을 겸비한 글로벌 가치 사슬에 한국이 중요한 역할을 할 수 있을 텐데, 그 방법이 무엇일지 고민이 필요합니다. 예컨대 지역 공급망regional supply chain을 통해 중요한 역할을 할 수도 있을 듯합니다.

한편 외국의 일부 소재·장비 업체는 미국의 규제를 위반하지 않으면서 중국과 계속 거래하기 위해 움직이고 있습니다. 특수 가스를 공급하는 프랑스의 에어리퀴드Air Liquide는 미국의 기술과 인력을 완전히 배제하고 중국 시장만을 위한 소재를 개발하려 하고 있지요.

　미국이 구상하는 미래의 반도체 가치 사슬에 관해서도 고민해야 할 것입니다. 지금부터 10년 후 미국이 주도하여 구축한 반도체 생태계는 어떤 모습일까요? 예컨대 첨단 공정뿐만 아니라 중급 기술mid-tech과 저급 기술low-tech 분야를 포괄한 생태계의 모습은 어떨지, 동북아시아와 동남아시아를 중심으로 어떤 생태계가 형성될지, 그 안에서 중국이 어떤 역할을 할지 생각해보고, 우리의 대처와 노력에 관한 시나리오를 도출하는 것도 흥미로운 접근법이 될 겁니다.

5장

글로벌 반도체 산업의
주요 이슈와 미래 전망

• 권석준 | 성균관대학교 화학공학/고분자공학부 교수 •

권석준

현^現 성균관대학교 화학공학/고분자공학부 교수

서울대학교 화학생물공학부 학사, 석사
미국 MIT 화학공학과 박사
한국과학기술연구원^{KIST} 연구원, 선임연구원, 책임연구원 역임

반도체를 둘러싼 지정학적 상황의 변화 양상

오늘날 반도체 산업은 여러 변곡점$^{inflection\ point}$을 마주하고 있습니다. 기술 패권 경쟁으로 인해 지정학이 기술 로드맵에 영향을 미치는 한편, 인공지능 같은 파괴적 혁신$^{disruptive\ innovation}$ 기술이 등장하여 산업 지형을 빠르게 변화시키고 있지요. 기술 혁신이 지정학적 상황에 영향을 미칠 수 있다는 의미입니다. 이 장에서는 첨단 반도체 산업을 둘러싼 주요 주제를 소개하고, 다가올 미래에 대비해 무엇을 주목해야 하는지 알아보겠습니다.

미국의 반도체 수출 규제

미국이 반도체 업계의 가장 큰 화두인 첨단 반도체 수출 제한 조치의 고삐를 점차 조이고 있습니다. 미국이 이른바 반도체 법CHIPS & Science Act에 담은 구체적 보조 조항(일명 가드레일guardrail)들이 속속 보고되고 있습니다. 한국 기업이 중국에서 운영하고 있는 생산 시설도 제한 대상이 될 예정입니다(그림 5-1). 물론 2023년 10월 7일 종료 예정이었던 장비 반입 규제 유예 기간이 무기한 연장되기도 했습니다. 그렇지만 여전히 증산 규모와 일부 최첨단 장비 반입은 규제되고 있는 상황이기 때문에 불확실 요소는 남아 있습니다.

대중 반도체 기술 및 무역에 대한 미국의 제재가 심화되면 결국 한국은 그동안 중국을 통해 쌓아온 무역 수익을 자의 반 타의 반으로 다변화해야 할 것입니다. 특히 미국의 수출 제한이

| 그림 5-1 | 한국 기업의 중국 내 반도체 생산 시설 현황(2023년)

첨단 공정뿐 아니라 성숙 공정mature node으로까지 확장되면 한국이 중국에서 운영하는 팹에 대한 고민이 커질 수밖에 없을 것입니다.

중·장기적으로는 신규 투자와 시설 이전을 통해 첨단 메모리 및 파운드리 생산 역량을 전략적으로 배치해야 하겠습니다. 한국 정부도 대기업뿐만 아니라 다양한 협력 중소기업으로 구성된 클러스터cluster 생태계 차원으로 연착륙을 위한 전략을 마련해야 할 겁니다. 이와 관련하여 반도체 클러스터를 형성할 후보지들이 물망에 오르고 있는데, 대형 팹이 건설되고 있는 미국의 몇몇 지역, 그리고 최근 논의 중인 국내 경기도 남부를 예로 들 수 있습니다. 동남아시아의 베트남과 싱가포르, 인도, 유럽 등으로 생산지를 다변화하는 방안도 고려할 수 있습니다.

대만도 한국과 사정이 비슷합니다. 지금까지는 실리콘 방패론silicon shield theory[1]에 입각해 대만 정부 차원에서 첨단 반도체 기술을 직간접적인 안보 도구로 활용했는데, 미국이 제한 조치를 펴면 이러한 정책이 어떻게 변모할지 주목할 필요가 있습니다. 대만을 대표하는 반도체 기업 TSMC는 이미 미국과 일본뿐만 아니라 동남아시아, 인도, 독일 등지로 생산 기지를 이전하면서 지역을 다변화하는 전략을 펴고 있습니다. TSMC가 향후 5년간

1 ― 중국이 크게 의존하는 대만의 반도체 생산 시설이 중국의 군사행동을 억제하는 수단으로 작용한다는 이론. 2000년 후반에 등장했다.

미국 애리조나주 피닉스 지역에 구축할 대형 신규 시스템 반도체 제조 전용 파운드리 시설이 글로벌 반도체 산업을 재편하려 하는 미국의 전략에서 어떤 역할을 할 것인지에도 주목해야 합니다.

한국과 대만과는 달리 일본은 지금 진정한 종합 반도체 업체로 볼 수 있는 기업이 없다시피 합니다. 이는 첨단 반도체를 생산할 수 있는 역량이 크게 제한되어 있다는 의미입니다. 지난 30년간 일본의 반도체 제조업은 쇠퇴기를 겪었으나, 여전히 건재한 소재·부품·장비 산업을 필두로 하여 권토중래(捲土重來)를 꿈꾸고 있습니다. 2나노급 로직 반도체 양산을 목표로 지난 2022년 하반기부터 시작한 이른바 라피더스 프로젝트Rapidus Project(표 5−1)가 대표적 사례입니다. 이 프로젝트가 성공할지 여부는 불확실하지만 전 세계 반도체 업계는 앞으로 일본 정부가 시행할 부활 정책에 관심을 가지고 있습니다. 특히 과거의 관민public-private 협력 체계에서 벗어나 미국, 대만 등의 해외 기업과 기술 협력 관계를 다각화하려는 움직임에 이목을 집중하고 있지요.

지난 20여 년간 글로벌 반도체 산업의 변방에서 조금씩 중심으로 접근한 중국은 여러모로 성장했는데도 불구하고 여전히 한계가 많습니다. 국가적 시책으로 반도체굴기(半導體/崛起)를 내세우며 반도체를 자급하겠다는 꿈을 꾸고 있지만 이를 실현할 기술력이 부족하기 때문입니다(표 5−2). 반도체 소자 및 회로 설

회사명	라피더스Rapidus
설립일	2022년 8월 10일
주요 참여사	일본의 주요 대기업 8사
	(자동차) 도요타, 덴소
	(전자 제품) 소니
	(금융, 투자) 소프트뱅크, 미쓰비시UFJ은행
	(반도체) 키옥시아
	(통신) NTT, NEC
주요 목표	2027년 2나노 공정 노드 비메모리 생산
투자 규모	출자금 70억 엔, 정부 지원금 3,300억 엔(2023년 4월 기준)

| 표 5-1 | **일본 라피더스 프로젝트 개요**

계, 설계 자동화 자산, 소재, 설비, 생산 기술 등의 자급률이 모두 떨어지는 상황에서 미국의 강력한 제재라는 외부 요인이 강화되는 이중고를 어떻게 극복할지가 관심사입니다. 특히 미국의 제재로 극자외선 노광 기반 패터닝 공정 기술 도입이 원천적으로 차단되었는데, 이러한 환경에서 자체적으로 첨단 반도체 공정 기술을 개발할 수 있을지, 설계에 필요한 자동화와 제조, 패키징에 필요한 각종 설비를 어떤 경로로 확보할지가 관건입니다.

단위: %

공급망 부문별 부가가치	시장점유율						
		미국	한국	일본	대만	유럽	중국	기타
설계 자동화EDA	1.5	96	<1	3	0	0	<1	0
설계 자산Core IP	0.9	52	0	0	1	43	2	2
웨이퍼	2.5	0	10	56	16	14	4	0
제조 설비	14.9	44	2	29	<1	23	1	1
패키징ATP 설비	2.4	23	9	44	3	6	9	7
설계	29.8	47	19	10	6	10	5	3
제조	38.4	33	22	10	19	8	7	1
패키징ATP	9.6	28	13	7	29	5	14	4
총부가가치		39	16	14	12	11	6	2

ATP: 조립assembly, 검사testing, 패키징packaging

| 표 5-2 | 반도체 공급망 부문별 주요국 시장점유율(2022년)

글로벌 반도체 공급망 재편

극도로 분업화되어 있는 글로벌 반도체 공급망은 미국의 강력한 제재 속에서 어떻게 재편될까요? 표 5-2에서 알 수 있듯이 반도체 설계 부문은 미국이 독점하고 있고, 소재나 설비, 제조, 패키징은 미국, 대만, 일본 등 몇몇 국가의 기업들이 과점하고 있습니다.

한국은 소재와 설비 분야의 자급력이 가장 낮은 국가이기도 한데, 현재의 각 산업 분야의 지배 구도가 앞으로 5~10년 내에 크게 바뀌지는 않겠지만 중·장기적으로 해외 독과점 기업에 대한 의존을 줄일 전략이 필요합니다. 2019년 소재·부품·장비 강국인 일본이 한국을 수출 심사 우대국 자격인 화이트리스트^{White List}에서 제외하여 파장을 일으킨 사례를 기억할 필요가 있습니다. 비록 한일 양국이 조금씩 긴장을 완화하면서 화이트리스트 제재 조치 이전으로 돌아가기는 했지만, 장기적으로는 일본이 강점을 지닌 반도체 소부장(소재·부품·장비) 산업에 대한 한국의 의존도를 다변화하는 전략을 생각할 필요가 있습니다. 이는 한국 소부장 산업의 자급도를 높이는 것과 더불어, 현재 반도체 제조 능력이 많이 퇴화한 일본의 소부장 업체들을 한국 반도체 생산 클러스터로 편입시키는 방안을 전략적으로 고려할 수 있다는 의미입니다. 일본 소부장 업체들이 한국에 진출하면 인센티브를 부여하고, 한국 반도체 회사와 연구기관과의 협력을 강화할 수 있도록 정책적으로 지원하는 방안도 필요합니다. 그럼 일본 업체들을 한국 반도체 클러스터에 강하게 예속시키는 효과를 유도할 수 있습니다.

미국이 주도하여 글로벌 공급망을 재편한다고 하지만, 현재 미국의 반도체 산업 지배 구도가 일부 산업에 편중되었기 때문에 단독으로 모든 과정을 이끌 수는 없습니다. 반도체 설계와 첨단 장비에는 강하지만, 정작 반도체 제조 경쟁력은 많이 퇴보했기 때문입니다. 그러므로 중국을 제재하며 글로벌 반도체 공급망을 재편하는 과정에서 미국은 자국 업체들은 물론 자국과 동맹을 맺거나 밀접한 일부 국가들과 협력하는 구도를 강화할 것입니다. 따라서 현재 미국 상무부Department of Commerce가 추진하고 있는 반도체 관련 정책에 대한 주요 동맹국의 대응을 유심히 살펴볼 필요가 있습니다. 주요국 기업이 보조금 혜택에 관해 어떤 식으로 협상하는지, 혜택을 포기한다면 어떤 불이익을 감수하는지 주시해야 합니다. 또한 향후 반도체 표준이나 로드맵을 논의하는 과정에서 외국 기업이 얼마나 미국 정부의 영향을 받느냐에 따라 차세대 반도체 생태계도 변화할 듯합니다. 이와 더불어 일본, 대만, 유럽연합 등이 미국의 산업 정책에 대응하여 어떤 산업 정책을 들고 나오는지도 모니터링할 필요가 있습니다. 일례로 2023년 상반기 유럽연합이 그린딜 산업 계획 후속 정책 및 일괄 적용 면제 규정General Block Exemption Regulation, GBER을 확장하는 정책을 발표하였는데, 그 이유는 역내 반도체 산업을 필두로 다양한 첨단 산업의 생산 기지가 이탈하는 현상을 방지하기 위해서라고 볼 수 있습니다.

이렇듯 미래의 반도체 산업에는 지정학적geo-political 혹은 기정학적techno-political 요인이 더욱 크게 작용할 전망입니다. 복잡한 기정학적 요인 속에서 한국이 반도체 산업 경쟁력을 강화하고 안보적 가치를 보존하는 전략을 모색하기 위해서는 미국뿐만 아니라 중국, 유럽, 대만, 일본 등 주요 국가와 지역의 산업 및 경제 안보 전략에 주의를 기울여야 합니다. 바둑에서 상대의 선수(先手)에 따라 후수(後手)가 유연하게 변화하듯이, 각국이 추진하고 있는 산업 정책과 경제 정책이 미세하게 변화하면 기술적, 외교적으로 기민하게 대응할 필요가 있습니다. 특히나 미국과 중국의 산업 정책은 독립적이지 않고 상호 의존적인 만큼 기술 패권 경쟁이라는 큰 틀 안에서 입체적으로 바라봐야 하지요.

차세대 반도체 기술의 핵심

그렇다면 앞으로 반도체 산업의 주요 격전지는 어디가 될까요? 지금 주목받고 있거나 앞으로 주목해야 할 기술이 무엇인지 살펴보겠습니다. 거대 언어 모델large language model, LLM에 기반하여 2023년 하반기부터 대유행하고 있는 챗GPTChatGPT 같은 생성형 AI 서비스는 무엇보다도 방대한 데이터 처리, 멀티모달multi-modal 정보 해석 및 추론, 그리고 예측과 생성에 특화되어 있습니다. 이러한 AI는 형태가 다양하고 규모가 거대한 데이터를 빠르고 정확하게 처리할 수 있는 계산 자원의 수요를 급증시키는 주요인이 될 것입니다. AI 데이터를 가속 처리하기 위해 로직 반도체 분야에서는 이른바 AI 가속기AI accelerator로서의 GPU, 그보다 더 특화된 TPU와 NPU가 경쟁하고 있고, 메모리 분야에서는 고대역폭 메모리HBM와 로직 코어 PIM을 통합한 HBM-PIM, GPU 전용 D램인 GDDR 메모리, 그리고 워드 라인word line 수를 극대화하기 위한 다양한 3D 낸드 플래시 구조에도 이목이 쏠리고 있습니다.

반도체 소자 구조도 꾸준히 혁신되고 있지요. 3차원 구조를 도입한 핀펫이 현재 D램과 로직 반도체의 트랜지스터 아키텍처의 주종을 이루고 있지만, 앞으로는 게이트 수를 늘린 게이트올어라운드 펫GAAFET이나 멀티브리지 채널 펫multi-bridge channel FET, MBCFET에 이어 상보형 전계 효과 트랜지스터complementary field-effect transistor, CFET[2]도 중요한 차세대 기술로 여겨질 것입니다.

로직 칩과 메모리 칩 외에 첨단 센서 기술도 중요합니다. 인간이 영위하는 아날로그 영역의 데이터를 디지털 영역으로 전환하는 데 필수적이기 때문이지요. 특히 피사체를 다양한 파장대에 걸쳐 관측하는 다중 대역multi-band 또는 초분광hyperspectral 이미지 센서, 청각과 후각 등 인간의 오감을 모방하는 멀티모달 센서 등 다양한 기술이 부상하고 있습니다. 앞으로 애플의 비전프로Vision Pro 같은 웨어러블 컴퓨터wearable computer 시대가 본격적으로 열리면 첨단 센서가 더욱 중요해질 것입니다.

과거에는 많은 부가가치를 창출하는 설계나 전공정에 비해 패키징, 테스트 등 후공정에 대한 관심이 부족했는데, 반도체 소자 구조 고도화와 전공정 미세화가 한계에 이르면서 혁신의 무대가 점차 후공정 산업으로 이동하고 있습니다. CoWoSchip on wafer on substrate[3], 이종 집적, 다중 대역 분광학을 이용한 첨단 계

---

2 — n형 트랜지스터와 p형 트랜지스터를 3차원 수직 형태로 적층해 소자 면적을 최소화한 반도체 구조.

3 — 기판substrate과 인터포저interposer 위에 로직 칩과 메모리 칩을 올려 연결성을 극대화한 기술.

측 및 품질 검사 등의 다양한 기술이 후공정 분야의 혁신을 주도할 것입니다.

최근 첨단 파운드리 업계에서는 디자인하우스design house의 역할도 주목받고 있습니다. 칩 설계를 완료하고 생산하기 전에 설계 의도를 구현할 최적의 공정 조합을 제공함으로써 팹리스 기업에 많은 도움이 되기 때문입니다. 더불어 설계와 공정의 연결 고리인 설계-기술 공동 최적화design-technology co-optimization, DTCO[4]도 앞으로 많은 부가가치를 창출할 듯합니다.

소재 분야에서는 제조 기술이 극자외선 노광 공정으로 넘어가면서 기존 화학 증폭형 레지스트chemically amplified resist, CAR[5]의 한계를 보완한 비화학 증폭형 레지스트non-CAR가 논의되고 있습니다. 이는 무기물 혹은 유·무기 복합체에 기반한 첨단 소재의 중요도가 기존의 유기물 기반 포토레지스트보다 더욱 높아질 것이라는 의미입니다. 장기적으로는 현재의 극자외선 공정 다음 세대의 공정은 무엇일지, 근본적으로 노광에 의존하는 나노 패터닝 기술을 대체할 방식이 있는지에 관심이 쏠리고 있습니다. 예를 들어 고속 전자빔high-energy electron beam 노광이나 2차원 반도체 기반의 자기 조립2D semiconductor self-assembly 등이 후보로 거론되고 있습니다.

---

4 — 반도체 개발 초기 단계부터 설계와 공정의 호환성을 고려해 설계에서 발생하는 문제를 최소화하고 공정 조합을 최적화하는 기법.
5 — 화학작용을 통해 빛에 대한 반응을 증폭시키는 포토레지스트.

반도체 기술은 물리학, 화학 등 기초과학 분야의 혁신이 여러 세대에 걸쳐 누적되면서 진보합니다. 앞으로 기초과학 분야에서 어떤 지식이 중요해질지, 그 지식을 어떻게 축적할지 예측하고 대응하는 전략도 필요하겠지요. 예를 들어 응집물질물리학이나 고체물리학 분야에서 활발하게 연구되고 있는 저차원low dimensional 물질, 위상 절연체topological insulator, 준입자quasi-particles를 비롯한 비전자non-electron 신호 전달 체계에 대한 연구가 미래 반도체 혁신 동력을 제공할 것으로 기대합니다. 특히 언제까지 계속 전자electron를 쓸 수 있을지 부정적인 견해가 많이 제기되고 있습니다. 그 이유는 전자는 아주 작긴 하지만 질량이 있고 무엇보다 전하를 지니기 때문에 매우 작은 스케일에서는 신호 손실과 전기 저항의 영향이 커지기 때문입니다. 이에 대응하여 전자와는 달리 정지 질량이 없으며 저항이 통제되는 광자photon, 플라스몬plasmon, 포논phonon, 엑시톤exiton, 스핀spin, 스커미온skyrmion, 폴라론polaron, 폴라리톤polariton 등 다양한 신호 전달 매체로 쓸 수 있는 준입자들에 대한 기초과학 연구도 앞으로 빛을 볼 수 있을 것입니다.

마지막으로, 차세대 반도체 기술의 진화 경로는 결국 양자 컴퓨터의 진화와 맞닿을 수밖에 없습니다. 반도체 기술과 양자 정보 기술이 역할을 분담하거나 경쟁하며 발전하는 양상도 흥미로울 것입니다. 양자 정보 기술이 갑자기 출현하는 것은 거의 불가능하고, 대부분은 현재의 첨단 반도체 제조 기술과 소자 기술이 충분히 성숙해야 가능합니다. 예를 들어 구글이 개발하는 시커모어^{Sycamore} 프로세서나 IBM의 쿠카부라^{Kookaburra} 같은 양자 컴퓨터 전용 반도체 프로세서를 제조하기 위해서는 기본적으로 신호의 정밀 제어를 가능하게 하는, 매우 미세한 패터닝 공정이 동반된 제어 칩이 필요합니다. 물론 기존 기술로 감당하기 어려운 부분이 점차 많아질 것입니다. 현재의 일부 반도체 기술이나 장비를 공유할 수는 있겠지만, 어떤 부분에는 아예 새로운 플랫폼이 필요할 겁니다. 이 과정에서 어떤 새로운 칩 기술이 혁신의 후보로 떠오르느냐가 관건이 될 것입니다.

6장

AI 시대,
한국 반도체 산업
전략에 대한 토론

· 사회: 전동석 | 대담: 석민구·신창환·권석준 ·

사회: 전동석 서울대학교 융합과학기술대학원 교수

대담: 석민구·신창환·권석준

챗GPT 시대의 AI 반도체

거대 언어 모델^{LLM}에 기반하여 활약하고 있는 챗GPT 덕분에 AI 반도체에 대한 관심이 높아졌습니다. 범용 반도체와 달리 AI 반도체만이 해결할 수 있는 부분은 무엇일까요? AI와 반도체의 관계에서 반도체 기술 혁신이 AI 성능 향상에 구체적으로 어떻게 기여할 수 있는지 궁금합니다.

석민구

챗GPT를 비롯한 모든 LLM의 학습은 단 한 번으로 끝나지 않습니다. 학습 데이터가 많을수록 모델 성능이 좋아지고, 최신 정보와 지식을 얻기 위해서 주기적으로 학습할 필요가 있지요. 학습 주기는 모델에 따라 다르지만, 보통 하루에 한 번 혹은 일주일에 한 번꼴로 새로운 데이터를 주입합니다. 문제는 여기에 어마어마한 비용이 든다는 사실입니다. 서비스를 운영하는 기업에는 부담이 될 수밖에 없습니다. 챗GPT를 개발한 오픈AI의 CEO 샘 올트먼Sam Altman이 기계학습 비용 때문에 '눈물 날' 지경이라고 트위터에 호소했을 정도니까요. 기계학습 비용이 LLM 발전을 제한하는 걸림돌이 되고 있습니다.

설계부터 기계학습에 최적화한 AI 반도체를 만든다면 이야기가 달라집니다. 연산 효율을 높여 학습을 자주 해도 큰 비용이 들지 않도록 기술을 개발할 수 있기 때문입니다. 그럼 곧 챗GPT와 같은 AI 서비스의 사업 비용이 낮아지겠지요. 적은 비용으로 자주 학습시키면 AI 성능이 좋아질 수밖에 없습니다. 이런 식으로 반도체 기술 혁신이 AI 산업 발전을 견인하는 중요한 역할을 할 것입니다.

권석준

LLM 성능은 방대한 데이터를 얼마나 빠르게 처리하느냐에 달려 있고, 하드웨어 차원에서 이 문제를 보면 고효율·고성능 반도체로 해결해야 합니다. 챗GPT는 엔비디아의 H100, A100 같은 대형 GPU에 기반하여 1,750억 개의 매개변수가 관여된 행렬 연산을 합니다. GPU는 본래 그래픽 연산을 위해 개발된 제품이지 AI 맞춤형 칩은 아닙니다. 2023년 3월 출시된 GPT-4의 경우 매개변수 수가 조 단위에 이른다고 추정하고 있습니다. 텍스트뿐만 아니라 이미지, 영상, 오디오 등 다양한 데이터를 학습하려면 어림잡아 4만~5만 개의 GPU가 필요하다는 계산이 나오지요. 이렇게 많은 GPU를 작동할 전력을 충분히 공급할 수 있는지, 그게 가능하다고 해도 4만~5만 개의 GPU에서 발생하는 열은 어떻게 관리하는지도 난제가 될 수 있습니다. 결국 LLM 기반 AI 기술이 더 발전하기 위해서는 GPU에 의존하는 현재 전략을 뛰어넘어 하드웨어를 혁신할 필요가 있습니다.

AI 기술을 구현하는 다양한 환경을 고려하면 앞으로 더 다양한 반도체가 등장할 것 같습니다. 데이터 센터용인지 에지 디바이스용인지, 또 지원하는 AI 모델이 무엇인지에 따라 차별화할 필요가 있을 테니까요. 다변화하는 AI 수요에 따라 반도체 종류도 세분화되고 있나요?

석민구

무어의 법칙이 한계에 다가가고 있는 현실도 반도체 다변화를 촉진하는 요인입니다. 과거에는 반도체 종류와 상관없이 트랜지스터 크기를 줄여 집적도를 높이면 칩 성능을 개선할 수 있었습니다. 하지만 이제는 작아질 대로 작아진 소자를 더 작게 만들기가 너무 어려워졌어요. 소자 수준이 아니라 아키텍처를 최적화하는 전략을 취할 수밖에 없는 상황이지요. 앞으로 사용 환경에 맞춰 아키텍처를 최적화하는 과정에서 다양한 AI 반도체 라인업이 탄생할 것입니다. 크기, 승차감, 정숙도에 따라 선택지가 폭넓은 자동차와 비슷하게 발전할 거라고 기대합니다.

신창환

메모리 반도체는 AI를 지원하는 대표 상품 몇 개가 솔루션 형태로 나오겠지만, 궁극적으로 다변화의 길을 갈 겁니다. SK하이닉스나 삼성전자 같은 칩 제조사 입장에서는 맞춤형 메모리 시장에서 주도권을 확보하기 위해 고객사와 더 긴밀하게 소통하는 전략이 필요하겠지요.

권석준

범용에 가까운 메모리 반도체와 달리 로직 반도체는 이미 특정 목적에 따라 맞춤형으로 개발되고 있습니다. AI 반도체 시장에서는 맞춤형 전략이 더욱 중요해질 것입니다. 사용 환경과 지원하는 알고리듬 속성에 따라 반도체 개발 비용도 천차만별이기 때문에 라인업도 세분화되겠지요. 특히 AI 반도체는 특정 알고리듬을 구현하기 위해 최적화 과정을 거치기 때문에 설계부터 공정 개발까지 많은 요소를 유기적으로 고려해야 합니다.

칩 제조사는 완성된 설계 도면을 받아서 그대로 생산하는 과거의 역할을 뛰어넘어, 고객사 요구에 맞게 생산 공정을 저비용으로 빠르게 완성해야 시장의 선택을 받을 겁니다. 달리 표현하면 산업 생태계에서 소프트웨어 알고리듬, 설계, 제조 분야 간 경계가 점차 허물어질 것입니다. 최근 소프트웨어 기업이 칩 하

드웨어에 대한 수직 통합을 추구하는 것도 이러한 변화의 일환
으로 볼 수 있습니다.

AI의 부상, 메모리 시장에 새로운 기회

**최근 어려움을 겪고 있는 메모리 반도체 시장에서 거대 AI 모델이
새로운 수요를 창출하며 활력을 불어넣을 수 있을까요?**

신창환

최근 1~2년 사이 수요가 급감하는 바람에 메모리 반도체
산업이 하락기에 접어들었다고 걱정하는 사람이 많습니다. 그
런데 원래 메모리 산업은 변동성이 크고, 상승과 하락이 항상
교차해왔습니다. 요즘은 그 주기가 과거보다 짧아져서 2년 상
승하고 1년 하락하는 형태로 나타나고, 제조사의 적자 기간이
4~5분기 정도 지속되는 추세이지요.

챗GPT는 초거대hyperscale 데이터 센터를 활용할 수 있는 사
업 모델 중 하나입니다. 그 인기에 힘입어 앞으로 데이터 센터
용 고성능 메모리에 대한 수요가 폭발적으로 늘어날 것이라는
전망도 있는데, 정말 그렇게 될지는 더 지켜봐야 될 것 같습니
다. 경기가 상승하면 자연히 수요도 증가할 텐데, 그때 4세대 고
대역폭 메모리에 해당하는 HBM3, 그리고 이후 세대 메모리에

관한 시장 주도권을 가져오기 위해 기업들이 첨예하게 경쟁할 것입니다.

한편 AI 혹은 데이터 센터 시대가 열렸기 때문에 메모리 시장에서 모바일의 비중이 줄어들 것이라는 목소리도 나옵니다. 하지만 LLM 구동 환경에서는 에지단에 속하는 모바일 기기용 D램도 상당히 중요합니다. 저는 고성능 컴퓨터용 메모리와 모바일용 메모리 둘 다 상승과 하락을 오가되 큰 틀에서는 수요가 우상향할 것이라고 봅니다.

저전력 반도체에 대한 수요도 메모리 시장에서 중요한 변수입니다. 24시간 쉬지 않고 가동되는 데이터 센터는 이미 '전기 먹는 하마'라고 불릴 만큼 엄청난 전력을 소비하고 있습니다. 앞으로 AI 서비스가 확대되면 전력 문제가 더 심각해질 것입니다. 소자 수준에서부터 구동 전압을 획기적으로 줄이려는 노력이 절실하지요. 다행히 인간의 뇌 신경 구조를 모방한 뉴로모픽neuromorphic 소자 등 기존 방식을 벗어나 파괴적 혁신을 일으킬 만한 차세대 기술이 활발히 연구되고 있습니다.

권석준

보통 AI 반도체라고 하면 연산을 수행하는 로직 반도체를 떠올리기 쉽습니다. AI 반도체가 다변화하는 추세에서는 범용 메모리에 특화된 한국이 불리하지 않느냐는 우려도 나오고 있지요. 하지만 데이터 규모가 커질수록 이를 효율적으로 저장하는 메모리 기술도 중요해질 수밖에 없습니다. 최근 데이터를 고속으로 저장할 수 있는 고대역폭 메모리가 새로운 성장 동력으로 떠오르는 것도 이런 맥락에서 이해할 수 있습니다. 좁은 AI[narrow AI][1]를 지나 범용 AI[artificial general intelligence, AGI][2] 시대로 접어들면 메모리 분야에 더 많은 혁신이 필요합니다. 이미 경쟁 우위를 차지하고 있는 SK하이닉스나 삼성전자 같은 한국 메모리 기업에 충분한 기회가 있다고 생각합니다.

연산 기능을 탑재한 메모리 반도체에 대한 수요도 새로운 시장을 열어줄 가능성이 있습니다. 예를 들어 메타[Meta]나 유튜브[YouTube]에서 사용자별 추천 알고리듬을 생성할 때는 임베딩[embedding]이라는 추상화 기법을 활용합니다. 추상화를 위해 AI 모델이 방대한 데이터를 학습하려면 행렬 분해에 특화된 몇 가지 알고리듬을 처리할 수 있는 명령어 세트가 사전에 메모리에 탑재되어 있는 게 유리하지요. 이런 수요로 인해 행렬 연산 프로그램이 가능한 로직 장치를 메모리 다이 일부분에 배치하는 PIM 기술이 요즘 큰 관심을 받고 있습니다.

메모리와 로직을 병합하는 PIM 기술이 정말 차세대 반도체 지형을 바꿀 수 있을지 기대됩니다. 그런데 근본적으로 메모리는 저장을 위

---

1 ― 제한된 범위 안에서 특정 작업을 수행하거나 문제를 해결하도록 설계된 인공지능.
2 ― 특정 작업이나 문제뿐만 아니라 일반적인 상황에서 사람처럼 생각하고 학습하는 능력을 갖춘 인공지능.

한 장치이고 로직은 연산하는 장치입니다. 목적이 서로 다른 요소가 하나로 합쳐지는 과정에서 어려움은 없을까요?

석민구

　로직과 메모리를 병합하는 기술이 상용화의 길로 들어서기 위해서는 3차원 집적과 패키징 공정에서 기술적으로 풀어야 할 숙제가 많습니다. 예를 들어 칩과 칩을 수직으로 연결할 때 실리콘 관통 전극through-silicon via, TSV이라는 구조물을 사용하는데, TSV로 구현할 수 있는 밀도가 아직 낮습니다. 또한 두 칩을 쌓아 나노미터 단위로 정확하게 정렬하려면 생산 공정에서 정밀도를 더 높여야 합니다.

　열 관리도 관건입니다. 로직 칩은 굉장히 많은 열을 발생시키는데, 그 위에 열에 취약한 D램이 올라간다고 생각해보십시오. 온도가 높으면 D램이 저장하고 있는 정보가 유실될 위험이 큽니다. 원래 D램은 빠져나가는 전하를 주기적으로 보충하여 정보 유실을 방지하는 리프레시refresh 기능이 있습니다. 주변 온도가 높으면 리프레시 기능이 자주 작동할 필요가 있겠지요. 그러면 D램이 소비하는 전력이 많아지고, 이에 비례해서 더 많은 열을 방출할 겁니다. 이런 양성 되먹임positive feedback으로 인해 결국 로직 칩과 D램 모두 뜨거워지는 문제가 생깁니다.

　또 하나의 난관은 로직과 메모리 간의 물리적 거리가 매우 가까운 PIM 아키텍처에는 듀얼 인라인 메모리 모듈dual in-line memory module, DIMM 같은 기존 D램 규격이 적합하지 않다는 점입니다. 장기적 관점에서 새로운 아키텍처의 장점을 충분히 살릴 수 있는 인터페이스를 함께 최적화해야 할 것입니다.

권석준

D램 제조사 입장에서 PIM 생산은 매우 어려운 과제입니다. 비유하자면 이미 잘 설계해놓은 방 3개짜리 30평대 아파트가 있는데, 갑자기 방 하나를 없애고 화장실이나 부엌을 추가하는 것과 같습니다. 오랫동안 최적화해온 범용 메모리 반도체의 구조를 뜯어고치는 대공사이지요. 설계 도면부터 바꿔서 메모리가 차지하던 영역 중 일부를 로직 코어에 배분해야 하기 때문에 기술적 난관이 많습니다. 또한 D램 생산에 최적화된 공정 라인 일부도 PIM에 할당해야 하기 때문에 비용 증가를 피할 수 없습니다.

결국 누가 어떤 목적으로 사용하는지에 따라 PIM 설계가 달라질 수밖에 없습니다. 예를 들어 부동 소수점floating point의 몇 자리에서 정밀도를 설정할지, 정밀도는 좀 낮더라도 많은 양을 한꺼번에 병렬처리하는 게 우선인지, 메모리 영역을 로직 코어에 얼마나 배분할 것인지, 로직 코어는 단순히 행렬 연산만 할 것인지, 아니면 산술논리장치 역할도 일부 감당할 것인지 등 모든 것이 변수가 될 수 있습니다.

또한 CPU와 메모리 간 동작 속도가 워낙 다르기 때문에, 같은 신경망 모델이라고 해도 합성곱 신경망convolutional neural network, CNN인지 순환 신경망recurrent neural network, RNN인지 아니면 심층 신경망deep neural network, DNN인지에 따라 로직과 메모리 비중이 달라지지요.

AI 반도체가 한국의 미래 먹거리라는 데는 많은 사람이 암묵적으로 동의하고 있습니다. 우리나라 정부 회의에서도 PIM 기술이 빠지지 않고 등장합니다. 그런데 저는 PIM이 중요하니까 개발해야 한다는 데서 논의가 딱 멈추는 것이 안타깝습니다. 한 단계 더 나아가 PIM을 통해 어떤 AI 반도체를 구현할지, 다른 기술과 대비되는 경쟁력을 키우려면 어떤 기능을 더 강조해야 하는지도 함께 고민할 필요가 있습니다. AI 모델이 다양한 만큼 PIM 기술이 나아가야 하는 방향도 한 가지가 아니니까요.

PIM 기술 로드맵에서 D램과 S램 비중을 어떻게 둘 것인지도 고민할 필요가 있습니다. PIM 기술이 처음 등장했을 때는 D램이 아니라, 속도가 빠르고 전력을 적게 소모하는 S램이 주로 개발되었습니다. 하지만 시간이 지나면서 S램-PIM보다 D램-PIM 쪽으로 관심이 옮겨 갔지요. 그 이유는 S램의 구조가 복잡하고 용량의 확장성이 떨어지기 때문입니다. 셀 하나가 트랜지스터 1개, 커패시터 1개로 구성된 D램과 달리 트랜지스터 6개로 이뤄진 S램은 넓은 다이 면적이 필요하고 개발 비용이 높고 공정도 복잡했습니다. 하지만 속도가 빠르고 전력을 적게 소모하는 강점이 있기 때문에 S램-PIM 기술도 구조를 최적화하면 더 발전할 가능성이 있습니다.

신창환

소자 수준에서도 해결할 부분이 있습니다. 연산장치를 메모리 옆에 배치하려면 기존 메모리에 사용하던 것과는 다른 형태의 트랜지스터가 필요하기 때문입니다. 물론 기존 메모리 반도체 칩 내부의 메모리 셀 및 어레이array 이외의 주변 회로 영역에 쓰이는 소자(트랜지스터) 구조를 활용해서, 간단한 연산을 수행하는 로직 회로 블록을 주변 회로 영역에 만들 수 있겠지요. 이미 SK하이닉스와 삼성전자가 이 방식에 상당한 기간 동안 공을 들였고 시제품도 확보했습니다. 향후 첨단 로직에 사용되는 3차원 반도체 소자 기술을 PIM에 도입한다면, 적은 전력을 소모하면서 더 복잡한 연산을 구현할 수 있겠지요.

PIM이 장기적으로 필요한 기술이라는 데는 이견이 없지만, 오히려 저는 PIM을 볼 때마다 과연 이걸 사줄 고객이 있을지가 가장 염려스럽습니다. 아무리 좋은 제품을 만들어도 시장에서 수요가 없으면 개발한 의미가 없거든요. 수요 없는 개발은 기술력을 과시하는 것밖에 되지 않습니다. 폰 노이만 아키텍처의 우두머리인 인텔, AMD 같은 CPU 기업이 연산 기능이 탑재된 타사 메모리를 구입해줄까요? 현실적으로 쉬운 문제가 아닙니다. 어떤 기술적 한계에 봉착해서 부득이하게 PIM 기술을 도입해야 한다면 시장이 열릴 것이고, 그러면 그 제품이 더 진화할 가능성이 있다고 생각합니다. 컴퓨터 아키텍처를 주도하는 고객사와 충분히 소통하면서 제품 판로를 어떻게 개척하느냐가 앞으로 한국 메모리 기업이 풀어야 할 숙제입니다.

PIM 이외에 메모리와 로직을 결합하는 다른 유망한 기술이 있나요?

신창환

인텔이 잘하고 있는 멀티타일 집적multi-tile integration이 있습니다. CPU 설계와 제조는 직접 하고, 시스템-온-칩system-on-chip, SoC이나 입출력, 그래픽 영역은 TSMC에 외주를 맡기고 있지요. 이런 방식을 확장해서 다양한 크기의 D램을 시스템-온-칩 형태로 연산 영역 옆에 집적한다면, 인텔 입장에서는 PIM이 필요하지 않을지도 모릅니다.

권석준

PIM으로 완전히 넘어가기 전의 과도기적 기술로 프로세싱 니어 메모리processing near memory, PNM가 있습니다. 로직과 메모리 장치 사이에 일종의 고속도로를 놓는 방식입니다. 아직 연구 초기 단계지만, 인터포저, 컴퓨트 익스프레스 링크compute express link, CXL 같은 기존의 D램 인터페이스를 어떻게 최적화할 것인지, 어떤 절연 소재를 쓸 것인지 등이 연구되고 있습니다.

종합 반도체 업체 vs. 팹리스 vs. 파운드리 – 한국의 전략은?

미국 주도의 글로벌 공급망 재편 움직임 속에서 우리나라도 파운드리 시장에 본격적으로 뛰어들었습니다. 첨단 생산 시설을 구축하고 전문 인력을 확보하려면 천문학적인 투자가 필요하지요. 한국은 이미 메모리 사업을 잘하고 있는데 굳이 인적·물적 자원을 파운드리로 분산시켜야 하는지 고민되기도 합니다. 장기적으로 한국은 종합 반도체 업체, 팹리스, 파운드리 중 어디에 초점을 둬야 할까요?

석민구

어려운 질문이네요. 이미 기업 내부에서 많이 고민한 후 방향을 결정했을 겁니다. 삼성전자가 본격적으로 파운드리에 투자하기 시작했다고 해서 메모리나 종합 반도체 부문에 투자하는 규모를 줄인 것은 아닙니다. 원래 하던 사업과 병행하여 파운드리까지 공략하겠다는 의지로 봐야겠지요. 저도 이 전략에 공감합니다.

팹리스 분야는 상황이 좀 다릅니다. 몇몇 스타트업이 성과를 내고 있지만, 한국의 팹리스는 여전히 불모지 같습니다. 종합 반도체 업체와 파운드리가 생산이라는 공통분모를 가지고 있는 반면, 팹리스는 어떻게든 자생하는 길을 찾아야겠지요. 다만 국내 파운드리 시장이 성장하면 팹리스 분야도 동반 성장하는 선순환이 나타날 것이라고 기대해볼 수는 있습니다.

신창환

파운드리 사업으로 국내 반도체 생태계를 확장할 필요도 있지만, 한국이 이미 잘하고 있는 메모리 사업을 계속 확대하는 게 우선이라고 생각합니다. 오늘날 D램 시장은 SK하이닉스와 삼성전자, 미국의 마이크론 3사가 과점하고 있습니다. 특정 기업의 시장점유율이 과반을 넘으면 해당 기업은 독점법 규제 대상이 되기 때문에, 지금과 같은 시장 구도는 크게 흔들리지 않고 유지 및 성장할 것입니다. 다만 향후 10년 동안 3D D램 같은 차세대 기술 주도권을 누가 차지하느냐에 따라 시장 분위기가 달라지겠지요. 기술 전환이 잘 이루어질 수 있도록 자본적 지출capital expenditure과 인재 양성에 신경 쓰면 한국의 D램 사업이 지속적으로 성장할 수 있다고 봅니다.

낸드 플래시 시장은 D램보다 복잡합니다. 기술적으로 칩을 더 높게 쌓으려는 단수 경쟁 외에도 한국의 SK하이닉스와 삼성전자, 미국의 마이크론과 웨스턴디지털, 일본의 키옥시아에 이르는 5개 회사가 시장을 어떻게 재편할지를 모두가 숨죽이며 지켜보고 있습니다. 특히 1위 기업인 삼성전자를 제외한 2위 이하 기업들의 관계가 흥미롭습니다. SK하이닉스는 2017년에 약 4조 원을 투자하여 키옥시아 지분을 많이 가져왔고, 최근 인텔의 낸드 사업부까지 솔리다임으로 인수하면서 북미 시장도 확보했습니다. 2023년 상반기부터는 웨스턴디지털과 키옥시아 합병에 관한 논의가 본격화하고 있습니다. 이런 추세라면 낸드 플래시 시장은 결국 한-미-일 3개국 구도가 되겠지요. 한국의 기술 경쟁력이 일본보다 계속 앞설 수만 있다면, 한국이 주도하여 거대한 낸드 컨소시엄을 만들고 과점 체제를 굳혀 10년 뒤 오늘날의 D램과 비슷한 영광을 누릴 수도 있겠습니다.

파운드리 사업도 희망이 있습니다. 지금 대만 TSMC의 시장 점유율이 60 % 내외입니다. 반면 국내 파운드리 기업의 점유율은 15 %대까지 내려온 상황입니다. 최근 우리나라 정부가 세계 최대 규모의 반도체 클러스터를 조성하겠다는 계획을 발표했습니다. 이를 계기로 국내 파운드리 시설을 지속적으로 확대하고 제2 선택지로서의 파운드리 역량을 강화한다면 반드시 기회가 온다고 생각합니다. 사실 미국 입장에서도 자국 팹리스 기업이 TSMC에만 의존하는 구조는 사업적으로 전혀 안정적이지 않습니다. 분명 기회가 올 텐데 그것을 잘 잡는다면 한국의 파운드리 산업도 성장할 겁니다. 다만 그 과정에서 국내 팹리스 기업이 국내 파운드리를 잘 활용할 수 있도록 정부가 많이 지원할 필요가 있습니다. 그러면 종합 반도체 업체, 팹리스, 파운드리 세 분야가 조화롭게 성장할 활로가 열릴 것이라고 생각합니다.

권석준

이상적인 대답은 '모두 다 잘하면 좋겠다'인데 문제는 한정된 시간과 자원, 인력입니다. 개별 기업은 자신에게 맞는 비즈니스 모델과 기술 로드맵을 따라갈 텐데, 인력 양성이나 제도 개선을 고려해야 하는 정부 입장에서는 어디에 초점을 맞출지가 큰 고민이지요. 지금까지의 지원 정책은 사실상 메모리 반도체 일변도였지만, 앞으로는 개별 제품군을 지원하기보다는 반도체 생태계 전반의 다양성, 지속 가능성, 자립 가능성을 높이는 입체적이고 중장기적인 정책을 마련해야 합니다. 산업 클러스터 조성 사업도 위치, 입주 기업, 경쟁력 제고 방안 등 정부 차원에서 고민해야 할 것이 굉장히 많습니다.

저는 한국의 파운드리가 첨단 공정에 지나치게 초점을 맞추고 있다고 생각합니다. 산업계에서 성숙 공정에 대한 수요도 꾸준히 발생하고 있는 것을 생각하면 아쉬운 부분입니다. 3나노, 5나노 같은 값비싼 첨단 공정은 필요하지 않고 10나노 이상의 적당한 수준이면 만족하는 고객이 많습니다. 대만에는 TSMC 외에도 UMC^{United Microelectronics Corporation}라는 성숙 공정 파운드리가 두터운 허리 역할을 하고 있는 반면, 한국에는 이런 파운드리가 몇 되지 않고 생산 역량과 시장점유율도 낮습니다. 앞으로 성숙 공정 파운드리가 반도체 생태계의 주요 축으로 편입될 수 있도록 정부가 지원 정책을 내놓으면 좋겠습니다.

한국에서는 전문적으로 반도체를 설계하는 팹리스 분야가 크게 성장하지 못했습니다. 그 원인은 무엇이며, 앞으로 어떻게 극복할 수 있을까요?

석민구

설계 전공자인 제가 보기에 팹리스 분야를 잘하려면 2가지 선행 조건이 갖춰져야 합니다. 바로 다양한 인재와 최종 제품에 대한 지배력입니다. 최근에는 최종 제품 지배력이 더욱 중요해지고 있습니다. 사실상 미국이 팹리스 시장을 독점하고 있는 이유이기도 합니다. 한국도 스마트폰, 가전제품, 완성차 등의 최종 제품에 대한 지배력이 점차 높아지고 있습니다. 다양한 인재를 확보하면서 글로벌 시장에서 최종 제품 지배력을 키워간다면 한국의 팹리스 경쟁력도 높아질 것입니다.

신창환

저도 한국의 팹리스 회사들이 번번이 어려움을 겪는 이유가 최종 제품에 대한 지배력이 부족하기 때문이라고 판단합니다. 그런데 역으로 최종 제품 지배력을 갖추지 못했을 때 어떤 전략을 추구해야 할지도 고민할 필요가 있습니다. 앞으로 상보형 금속산화물 반도체complementary metal-oxide semiconductor, CMOS 기술은 2나노, 1나노 공정으로 진화하는 동시에, 패키징 단계에서는 다양한 칩 기능을 하나로 통합하는 이종 집적이 필수 요소로 자리잡을 겁니다. 3나노 같은 첨단 공정 기반 칩뿐만 아니라 28나노, 20나노, 14나노 같은 성숙 공정 기반 칩도 함께 하나의 패키지로 묶이는 상황을 가정할 수 있지요. 이때 첨단부터 성숙에 이르는 다양한 공정 수준으로 만든 칩을 어떻게 연결하고 조합하느

나가 설계에 매우 중요합니다. 이런 이종 집적 설계 노하우를 갖춘 팹리스 회사가 한국에서 나온다면, 최종 제품 지배력 없이도 충분히 성장할 수 있습니다. 지금은 한국이 첨단 공정 위주로 파운드리 투자를 하고 있지만, 권석준 교수님 말씀대로 성숙 공정까지 생태계를 확장한다면 팹리스 업계에도 분명 도움이 될 것입니다.

권석준

반도체처럼 고도로 분업화된 생태계에서는 설계 전문가가 세세한 공정까지 모두 파악하기가 힘듭니다. 설계자 대부분은 자신이 만든 도면대로 제품이 나오려면 구체적으로 어떤 공정이, 어떤 순서로 필요한지 모른 채 일하고 있지요. 이때 필요한 게 설계와 제조를 이어주는 '디자인하우스'입니다. TSMC의 생태계에는 제품군 특성에 맞게 무려 26개에 이르는 디자인하우스가 포진하고 있습니다. 디자인하우스 전문가들은 팹리스 업체로부터 받은 설계 도면을 제조용 설계 도면으로 다시 제작하는 역할을 합니다. 특정 공정에 필요한 기술 라이브러리를 정확히 알고 설계부터 테이프아웃tape-out[3]에 이르는 과정을 매끄럽게 연결해주는 것입니다.

한국 팹리스 기업이 어려움을 겪는 이유 중 하나는 디자인

---

3 ― 설계를 완료한 칩 도면을 제조 업체에 전달하는 단계.

하우스 생태계가 척박하기 때문입니다. 한국의 대표적인 AI 반도체 팹리스로 유명한 리벨리온Rebellions, 퓨리오사AI FuriosaAI, 사피온 같은 스타트업도 이러한 이유로 국내 파운드리에 제조를 맡기지 못하고 해외로 눈길을 돌리는 실정이지요. 한국의 반도체 생태계를 생각하면 안타깝지만 TSMC 디자인하우스의 전문성이 훨씬 앞서 있기 때문에 어쩔 수 없는 일입니다.

AI의 부상과 함께 앞으로 한국에서 더 많은 팹리스가 탄생할 텐데, 그 모든 기업이 대만으로 가서는 안 되겠지요. 기술이 유출될 위험도 생각해야 합니다. 국내 팹리스 업체가 국내에서 테이프아웃까지 가볼 수 있는 지원책이 마련된다면 한국의 팹리스 생태계도 한층 고도화할 것이라 생각합니다.

코로나19, 공급망의 취약점을 드러내다

코로나19 팬데믹을 기점으로 전 세계 반도체 공급이 차질을 빚으면서 자동차를 구입할 때 출고 대기 기간이 1년이 넘기도 했습니다. 차량용 반도체는 최첨단 공정으로 생산하는 제품군이 아니기 때문에 기술적 한계로 공급난이 발생했다고 보긴 어렵고, 오히려 반도체 생태계의 구조적 문제가 드러난 것 아닌지 의문입니다. 이런 공급망 문제를 예방하려면 어떤 보완책이 필요할까요?

권석준

팬데믹 이후 일시적으로 벌어진 반도체 공급난의 주요 원인은 수요 예측에 실패했기 때문이라고 볼 수 있습니다. 코로나19로 인해 전자 기기와 자동차 소비가 급증했는데 반도체 제조사들이 대비하지 못했지요. 게다가 원래 차량용 반도체는 부가가치가 높지 않아서 새로운 제조사가 시장에 진입하기 어렵습니다. 그래서 차량용 반도체 수요가 급증해도 반도체 제조사 입장에서는 마진이 더 높은 다른 제품을 생산하는 데 우선순위를 둘 수밖에 없지요.

구조적인 면에서 원인을 찾자면, 한국의 파운드리 생태계가 성숙 공정에 취약하다는 점을 지적하고 싶습니다. 차량용 반도체 같은 성숙 공정 기반 제품군은 안정적인 수요를 일으키며 전반적인 반도체 산업을 지탱하는 허리 역할을 하기 때문에, 공급망을 안정시키기 위해서는 다변화 전략이 필요합니다.

석민구

최근에는 완성차 업체가 공급난을 피하기 위해 직접 반도체 칩을 설계하고 제조, 관리하는 사례가 늘고 있습니다. 한국에서 현대자동차가, 미국에서는 테슬라가 그런 시도를 하고 있지요. 이처럼 공급난 문제가 반도체 업종 간 수직 통합을 촉진하는 면도 있지 않나 생각합니다.

각자도생하는 반도체 산업, 협력은 끝인가?

미-중이 패권 경쟁을 벌이는 가운데 미국이 자국의 반도체 제조 역량을 높이기 위해 강력한 온쇼어링on-shoring 정책을 펼치고 있습니다. 공장 건설부터 인력 확보까지 현실적으로 해결해야 할 문제가 많을 텐데, 미국이 계획을 차질 없이 진행할 수 있을까요?

석민구

미국이 자국 기업의 미국 내 생산 역량을 강화하려는 정책은 다소 난항을 겪을 듯합니다. 공장도 공장이지만 가장 큰 문제는 업무 문화에서 발생할 겁니다. 얼마 전에 TSMC 창업자 모리스 창Morris Chang이 언론과 인터뷰하며 이런 이야기를 했지요. "새벽 1시에 생산 장비가 고장 나면 대만에서는 새벽 2시면 고칠 수 있는데, 미국에서는 다음 날 아침이 되어서야 해결된다."[4] 천문학적 비용을 투자해서 만든 첨단 설비를 최대한 활용하려면 공장을 24시간 가동해야 하는데, 미국의 업무 문화나 정서를 고려하면 생산 인력이 그렇게 일할 수 있을지 의문입니다.

온쇼어링 외에 미국은 동맹국 기업이 자국의 생산 시설에 투자하도록 유치하는 프렌드쇼어링friend-shoring 정책도 펴고 있습니다. 이 방법은 중국을 견제하고 미국의 반도체 헤게모니를

---

4 — Nikkei Asia, "TSMC founder Morris Chang backs U.S. on China chip curbs", 2023. 3. 16.

유지하는 데 꽤 효과적일 것이라고 봅니다. 투자에 대한 정부 지원과 혜택을 잘 취한다면 한국에도 큰 기회가 되겠지요.

신창환

　미국은 지금 10나노 이하 공정을 사용하는 칩 생산 시설이 전무하고, 10~45나노 공정은 인텔의 10나노 공정 덕에 40 % 가까이 점유하고 있습니다. 100나노 이상의 성숙 공정까지 합하면 북미 대륙의 반도체 생산 점유율은 전 세계의 약 12 %입니다. 미국이 온쇼어링에서 원하는 바는 10나노 이하 첨단 공정에서 최대한 추가 물량을 확보하여 반도체 칩 생산 점유율을 2배까지, 즉 12 %에서 25 %까지 끌어올리는 것이겠지요.

　팹 건설에 필요한 넓은 부지, 풍부한 전기와 수자원은 여러 주 정부가 적극적으로 제공하고 있고, 한국과 대만 등 동북아시아 파운드리 기업도 미국 정부의 지원을 받아 최첨단보다 한 세대 낮은 N－1 노드 기술 전략으로 팹 시설을 가동할 계획입니다. 이대로라면 미국의 온쇼어링 정책은 별 차질 없이 진행될 겁니다. 인력 문제도 동북아시아와 미국 기업들이 협력하는 생태계를 만듦으로써 해법을 찾을 수 있습니다. 동북아시아 파운드리 기업이 유능한 엔지니어를 미국 현지로 파견하여 생산 관리나 교육을 맡기고, 반대로 미국 현지 인력도 동북아시아에 파견 와서 필요한 교육을 받는 선순환 구조가 나타나기를 기대해봅니다.

권석준

미국 리쇼어링re-shoring 전략의 성공 가능성을 가늠하려면 반도체법에 담긴 정부 보조 정책을 살펴볼 필요가 있습니다. 그중 연간 3,000명의 반도체 석·박사 인력에게 장학금 보조 혜택을 제공한다는 내용은 다소 논란거리입니다. 미국 반도체산업협회 Semiconductor Industry Association, SIA에서는 속된 표현으로 3,000명을 누구 코에 붙이냐고 우려하는 목소리를 내고 있지요. 5년간 정부의 보조를 받아서 양성할 수 있는 전문 인력을 계산하면 총 1만 5,000명인데, 중국에서는 지금 한 해에도 반도체 관련 전공으로 졸업하는 박사 학위자가 1만 명 가까이 되거든요.

또 미국 학계에서는 반도체에 관해 가르칠 교원이 없다는 불만의 목소리가 큽니다. 유능한 인력들이 학교를 떠나 기업체에 가 있는 실정 때문이지요. 그만큼 미국 반도체 기업이 유능한 인재에게 어마어마한 보수를 주고 있다는 말이기도 합니다. 교원뿐 아니라 학생을 어디서 뽑을지도 문제입니다. 지금까지는 중국, 한국, 대만, 인도계 학생들이 반도체 관련 학과에서 열심히 논문 쓰고 기술 개발해서 산업계로 갔는데, 이제는 동북아의 똑똑한 학생들이 예전만큼 미국 공대 대학원에 많이 진학하지 않습니다.

미국과 중국이 반도체와 관련하여 워낙 첨예하게 대립하고 있으니 자의 반 타의 반으로 중국 학생들의 미국 학교 진학률이 점차 줄고, 중국인은 미국에서 학위를 받아도 미국에서 일자리를 못 찾을 것이라는 이야기도 돌고 있습니다. 인도 학생들은 반도체 산업보다는 연봉을 더 많이 주는 실리콘밸리로 진출하는 쪽을 선호하고, 한국이나 대만 학생들은 공부를 마친 후 자국으로 돌아가 일자리를 찾으려 하는 경향이 여전히 강합니다. 이처럼 반도체를 공부할 인력, 가르칠 인력, 반도체 산업에서 일할 인력 모두 부족하기 때문에 미국은 인재 문제에서만큼은 앞으로도 고난을 겪을 확률이 높습니다.

2025년 기준으로 과학, 기술, 공학, 수학science, technology, engineering, mathematics, STEM 분야에서 매년 배출되는 박사급 인력의 추정치를 비교하면 중국은 8만~9만 명인 데 비해 미국은 많아봐야 3만 명, 그중에서도 외국인을 빼면 1만 5,000~2만 명 정도입니다. 전문 인력을 많이 확보해야 하는 반도체 산업에서 미국이 중국과 경쟁하기 위해 이 정도 인력 수급의 열세를 극복할 수 있을지 의문입니다.

그런데 미국 상무부에서 요즘 재미있는 이야기를 하고 있습니다. 앞으로는 반도체 산업이 빠르게 무인화되어 인력 집약도가 점차 낮아질 것이라는 겁니다. 그 자리를 로봇이 채우거나, 수천, 수만 개에 이르는 장비가 모두 자동화 시스템으로 움직이는 스마트 공장 시대가 올 법도 하지요. 물론 진짜 그렇게 될지는 아무도 모릅니다. 다만 지금의 구도를 보면 인력 문제가 미국의 구조적 약점인 것은 분명합니다.

중국이 빠르게 추격하고 있지만, 아직까지는 반도체 분야 전반에서 한국이 중국보다 앞선다는 평가를 받고 있습니다. 미국의 대중국 제재가 우리나라에는 중국과의 기술 격차를 벌릴 수 있는 기회이기도 한데, 중국의 추격 속도를 고려할 때 한국의 우위가 앞으로도 지속될 수 있을까요?

신창환

반도체, 그중에서도 메모리 반도체는 우리나라 총수출의 20~25%를 차지하는 최대 수출 품목입니다. 저는 메모리 반도체 시장, 적어도 D램 제품에 한해서는 중국이 향후 10년 내에 한국을 쫓아올 가능성이 없다고 봅니다. 다만 낸드 플래시 메모리는 다소 걱정입니다. 저가형 제품을 공격적으로 찍어내는 중국 YMTC의 전략을 비트 단위로 분석해보면 시장의 9%를 점유하고 있어요. YMTC가 기술 고도화를 통해 한국을 더 바짝 쫓아올 가능성도 있고, 저사양 낸드$^{low NAND}$ 제품에 한해 향후 10년 내에 한국에 위기가 찾아올 수도 있다고 생각합니다.

그렇다고 한국 낸드 시장에 위기만 있는 것은 아닙니다. 지난 10~20년을 돌이켜보면 아무리 혹독한 경기 하락이 찾아와도 유일하게 흑자를 냈던 부문이 바로 SSD$^{solid-state drive}$ 같은 솔루션 계열 낸드 제품입니다. 향후 중국의 낸드 플래시 기술 개발을 막을 길은 없지만 그보다 좀 더 앞선 메모리 솔루션 제품 라인업을 강화하면 중국의 추격에 맞설 수 있을 것입니다.

권석준

저도 메모리 반도체에서 당분간 한국의 우위가 보장될 것이라고 생각합니다. 특히 중국의 D램 메모리 반도체 기술력은 한국에 적어도 2.5~3세대 뒤처져 있고, 낸드 메모리 기술력이 한국을 따라잡았다고도 하지만 실상은 그렇게까지 기술 격차가 좁아지지 않았습니다.

지금 한국이 주시해야 하는 외생적 요인은 미국이 중국의 반도체 산업을 제재하기 위해 어떤 항목을 초크 포인트choke point 로 활용하느냐입니다. D램을 예로 들어보지요. 전기전자공학자 협회Institute of Electrical and Electronics Engineers, IEEE 로드맵에 따르면 D램 공정의 물리적 선폭의 경우 2022년 기준 현 세대에 해당하는 하프피치half-pitch 16.6나노가 2034년에는 10.5나노까지 줄어들 전망입니다. 이 과정에서 극자외선 노광 공정을 반드시 도입해야 하는데, 중국은 미국이 수출을 제재하여 ASML의 극자외선 장비 수입이 원천 금지된 상황이기 때문에 당분간 현 세대에서 기술 성장이 멈출 가능성이 높습니다. 그런데 앞서 말씀드린 대로 중국의 기술력은 현 세대에 한국보다 2.5~3세대 뒤처져 있기 때문에 앞으로 기술 격차가 더 벌어질 것이고, 이 격차로 인해 시장 경쟁에서 점차 도태되는 구조적 문제에 봉착할 것으로 예상합니다.

낸드 플래시 메모리 분야에서는 선폭을 줄이기보다 3차원 구조로 칩을 높이 쌓는 방향으로 경쟁이 치열해질 겁니다. 3차원 집적은 단순히 단수만 올리는 게 아니라 워드 라인 동기화, TSV 구조 형성 등 높은 기술력이 필요한 공정이 많아서 중국에 딱히 유리하지 않습니다. 특히 실리콘을 뚫는 공정을 플러그 식각plug etching이라고 하는데, 이 과정에서 전극이 휘어지기도 하고, 다른 구조물과 결합하여 브리지bridge를 만들기도 합니다. 이런 불량이 발생할 때마다 제품을 버려야 하는데, 사실상 중국은 고종횡비 식각 기술 노하우가 없기 때문에 상당한 불량을 감수해야 할 것입니다. YMTC가 생산 수율을 공개하지 않는 배경을 짐작할 수 있지요.

플러그 식각 장비 제조사 대부분이 미국 회사라는 점도 중국에 불리합니다. 대표적으로 어플라이드머티어리얼즈, 램리서치, KLA, ASM 등이 있습니다. 미국 정부의 규제 때문에 이 기업들의 대중국 장비 수출 범위가 좁아지고 있는데, 중국은 이미 보유하고 있는 장비를 유지 보수하기도 불가능하겠지요. 미국 입장에서는 아주 강력한 초크 포인트로 활용할 수 있는 항목입니다. 미국이 대중국 제재 조치를 계속 유지하는 한 낸드 플래시 단수 쌓기 경쟁에서도 한국의 우위가 보장될 것입니다.

오히려 한국이 우려할 만한 경쟁 상대는 중국이 아니라 다른 나라가 될지 모릅니다. 일본의 반도체 산업이 부활에 성공해 메모리 강자로 부상하거나, 대만 난야Nanya Technology 같은 제조사가 다시 메모리 사업에 승부수를 걸 수도 있으니까요. 일본 키옥시아와 미국 웨스턴디지털은 현재도 사실상 한 지붕 두 가족 같은 상황인데, 낸드 플래시 시장이 더욱 불황으로 접어들게 되면 합병할 수도 있고, 실제로 2023년 하반기부터는 합병안이 본격적으로 거론되고 있기도 합니다. 만약 이 합병 회사를 미국의 마이크론이 인수할 경우 적어도 낸드 플래시에서는 삼성, SK하이닉스, 마이크론의 삼파전이 더 치열해질 수 있습니다. 최악의 경우 미국이 한국의 메모리 분야 독과점을 견제하기 위해 메모리 제조에 대한 온쇼어링 정책을 펴는 시나리오도 생각할 수 있습니다. 이때 삼성전자나 SK하이닉스는 제조 비용이 더 비싼 미국에 메모리 생산 역량을 계획보다 많이 할당해야 하는 부담을 안을 수 있습니다.

반도체가 글로벌 패권 경쟁과 경제 안보의 상징처럼 자리 잡은 상황이 실제 연구 현장에 어떤 영향을 끼치는지 궁금합니다. 기술 혁신을 위한 국가 간 협업 구도도 과거와는 다르게 형성되고 있나요?

석민구

흥미롭게도 전 세계에서 출판되는 논문 중 중국 학자와 미국 학자가 공동 연구한 결과가 가장 많다고 합니다. 그렇지만 앞으로 반도체 학계에서 미-중 협업이 줄어들 가능성이 있습니다. 반도체법처럼 제도적인 장치가 도입된 건 아니지만, 중국과 관련한 인력이 연구 개발에 참여하는 것을 제한하는 미묘한 분위기가 미국 학계에 생기고 있어요. 기본적으로 학문은 다양한 사람들이 같이 연구하면서 시너지를 내야 발전하는데, 학계 입장에서는 안타깝지만 어쩔 수 없는 현실이지요.

신창환

과거 반도체 기술 생태계가 국제적으로 분업화되어 있었던 지형에서는 벨기에 아이멕Interuniversity Microelectronics Centre, IMEC, 미국 세마테크Semiconductor Manufacturing Technology, SEMATECH를 중심으로 기초 영역에 대한 공동 연구 개발이 원활하게 이뤄졌습니다. 기술 로드맵을 추진할 때 여러 기업이 80 % 정도의 공통분모를 가졌기 때문에, 이 부분에 관해서는 공동 기금을 마련하고 기술진들이 협업하여 큰 시너지를 냈습니다. 나머지 20 %에 해당하는 영역은 각자 개발하면서 말입니다.

지금의 반도체법을 보면 미국의 기조가 사뭇 달라졌음을 알 수 있습니다. 국립반도체기술센터National Semiconductor Technology Center, NSTC를 설립해서 미국이 주도하며 모든 분야를 쥐겠다는 의지를 보이고 있지요. 대만과 일본도 양국끼리만 협력하며 고립된 형태로 연구 개발하고 있습니다. 세마테크는 거의 망했고, 아이멕만 남은 상황입니다. 한국도 차세대 메모리 반도체 기술과 팹리스, 파운드리 역량을 확보하기 위해 무언가 해야 할 텐데, 한반도 내에 한국형 아이멕이나 세마테크 같은 기술 개발 컨소시엄을 만들어야 하는 게 아닌지 생각해봅니다.

석민구 교수님 말씀대로 학계에서조차 국가 간 협력이 얼어

붙는 분위기에서는 반도체 기술이 빠르게 혁신하기 어렵습니다. 지정학적 요인과 기술 혁신이 얽히고설키면서 각자도생(各自圖生)해야 하는 미래가 다가오고 있지요. 학자로서는 안타깝지만, 한국도 미래 먹거리를 확보하기 위해 자생적인 연구 개발 역량을 강화해야 할 때입니다.

권석준

과거에 여러 글로벌 기업이 아이멕과 세마테크에 참여한 이유는 비용을 줄이기 위해서였습니다. 공동 연구 개발의 과실을 나눠 갖되 몇몇 핵심 기술은 공유하지 않는 전략은 지난 30년간 굉장히 성공적이었어요. 대표적 사례로 2000년 전후에 8인치 웨이퍼에서 12인치 웨이퍼로 기술이 전환된 과정을 꼽을 수 있습니다. 당시 12인치로 전환하면 이점이 많다는 사실을 모두 알고 있었지만 8인치에서 벗어나 새로운 장비 표준을 마련하려면 막대한 비용이 필요했기 때문에 선뜻 나서는 데가 없었습니다. 마치 고양이 목에 방울 달기 같은 숙제였지요. 아무도 손해 보려 하지 않으니 세마테크가 총대를 메고 기술 전환을 주도했는데, 이를 통해 많은 기업이 비용 절감과 수익성 개선이라는 큰 혜택을 봤습니다.

우리가 한 세대 동안 목격해온 글로벌 협력이 계속 가능할지에 대해서는 부정적인 의견이 많습니다. 유일하게 명맥을 잇고 있는 아이멕도 앞으로 어떻게 될지 모릅니다. 다음 돌파구로 양자컴퓨터, 양자 커뮤니케이션을 비롯한 양자 정보 기술 분야에서 공동 표준과 로드맵을 만들어가려는 움직임이 있지만, 아직은 양자 시장 자체가 확실하게 형성되지 않았습니다. 그래서 오히려 신창환 교수님 말씀처럼 한국이 주도하여 공동 협력 플랫폼을 만드는 것도 좋은 전략이 될 수 있습니다.

또 하나 관심을 가져야 할 것은 앞서 언급된 미국의 NSTC입니다. 미국 상무부 수석경제학자의 말에 따르면 NSTC는 미국 내에만 최소 4곳 이상의 연구소를 운영하면서 각 지역의 차세대 반도체 기술을 위한 표준 제정, 로드맵 작성의 중심축 역할을 할 계획이라고 합니다. 한편으로는 'NSTC 일본', 'NSTC 대만'도 설립할 수 있다는 얘기가 나옵니다. 국립national이라는 수식어가 붙었지만, 원한다면 동맹국과도 협력할 수 있다는 뜻이지요.

미국이 동맹국 위주로 차세대 반도체 기술 협력을 추진하면 중국은 당연히 배제될 거고, 시간이 지날수록 기술 표준이 점점 분기diverge할 가능성이 큽니다. 국지적으로 갈라져 나간 표준은 나중에 다시 합쳐지기가 매우 어렵습니다. 한국은 자체적인 협력 플랫폼도 추진하는 한편 NSTC 협력 체제의 향방을 면밀히 살피면서 미국이 주도하는 차세대 반도체 표준 마련에 어디까지 참여할지 고민해야 합니다.

기술 패권 경쟁 속에서도 물리학, 화학, 소재과학 등 기초 학문 분야에서는 전 세계가 변함없이 교류할 것입니다. 중국과 미국의 학자들이 서로의 논문을 볼 수 없게 되는 극단적 상황은 일어나기 힘듭니다. 다만 응용이나 상용화 단계에 진입한 기술은 점차 제한을 받겠지요. 이미 미국 정부가 발주하는 연구 개발 프로젝트의 보안 기준이 높아지고 있습니다. 그러면 중국계 학생들의 참여나 중국 자본의 투자가 막혀서 산업 협력이 어려워질 것입니다. 국제 공동 협력 연구 역시 기존에 자유롭게 협력하던 분위기에서 연구 안보, 산업 안보에 가중치를 두는 방향으로 각국이 정책 방향을 조정할 텐데, 한국이 여기에도 대비할 필요가 있습니다. 이런 제한적인 환경이 반도체 산업 발전에 걸림돌이 될 수는 있지만, 한국 입장에서는 오히려 그 안에서 또 다른 기회를 찾는 전략적인 노력을 기울일 필요가 있습니다.

차세대 반도체 교육, 무엇이 중요할까?

빠르게 변화하는 반도체 시장에서 한국이 경쟁력을 잃지 않으려면 전문 인력 양성이 중요합니다. 미래 반도체 인재들은 어떠한 안목과 역량을 갖춰야 할까요? 학계가 반도체 계약학과를 중심으로 산업계의 수요를 충족할 새로운 커리큘럼을 만들고 있는데, 이런 노력이 성과를 내기 위해서는 어떤 점을 신경 써야 할까요?

권석준

반도체 산업에 대한 정부의 관심이 높다 보니 여러 부처가 유사한 지원 사업을 만들었습니다. 대표적으로 산업통상자원부의 반도체 특성화 대학원 지원 사업과 교육부의 반도체 특성화 대학 지원 사업을 들 수 있지요. 반도체 계약학과나 기타 유관 학과와 연계해, 학부나 대학원 과정을 거치면 바로 현장에 투입할 수 있는 산업 인력을 양성하겠다는 취지입니다. 그러기 위해서는 대학이 단순히 사업을 유치하는 데서 끝내지 않고 기존 커리큘럼을 크게 바꿔야 합니다. 사례 연구와 팀 단위 프로젝트를 강화하고, 산학 협력 과제를 아예 커리큘럼에 포함시킬 필요도 있지요. 주로 이론 전문인 기존 교수진 외에 실무 경험이 풍부한 현장 엔지니어도 교원으로 참여시켜 공동 지도할 수 있는 여건도 갖추어야 합니다. 제가 속한 성균관대학교의 반도체 계약학과는 설계, 소프트웨어, 아키텍처 분야에 초점을 두고 있는데, 공정이나 소재·부품·장비 분야도 통합하면 정부가 원하는 고급 반도체 산업 인력 양성에 한 걸음 더 다가갈 수 있을 겁니다.

신창환

미래 반도체 인재가 갖추어야 할 덕목을 구체적으로 정의하는 것 자체가 주입식 교육 같습니다. 오히려 저는 어떤 자료든 자신의 것으로 소화하고 발표할 수 있도록 기본적인 학습 역량을 강화하는 교육 방식이 중요하다고 생각합니다. 또한 한국 학생들의 고질적인 문제인 질문 능력 부족을 해결하는 교육 과정이 있으면 좋겠습니다. 어떤 정보를 접하든 거기에 자신만의 견해를 담아 질문할 수 있는 역량을 키워주는 것이지요. 제가 속한 고려대학교 반도체공학과는 SK하이닉스 계약학과이다 보니 SK 그룹의 사내 대학인 마이써니mySUNI와 협업하여 반도체 리더십 과정을 운영하고 있습니다. 문제 해결 능력을 함양하기 위한 교육 프로그램에도 많은 공을 들이는 중입니다.

권석준 교수님 말씀과도 이어지는데, 놀랍게도 반도체를 전공하는 박사 과정 학생 중에서 웨이퍼를 한 번도 만져본 적 없는 경우도 있습니다. 학부생이건 대학원생이건 이론 습득에 멈추지 않고 적어도 베어 웨이퍼에서 메탈 1Metal 1[5] 공정까지 직접 경험하는 기회를 교육기관이 제공해야 합니다. 지금 국내에서 그렇게 교육할 수 있는 기관이 몇 개뿐이고 수요를 다 소화하지 못하는 현실이 안타깝습니다. 다행히 고려대학교 반도체공학과는 2024년도에 소형 클린룸clean room 제조 시설을 완공해서 학생이 한 학기 동안 500~1,000나노 수준의 CMOS 공정 실험을 처음부터 끝까지 체험하게 할 계획입니다. 또한 UC 데이비스UC Davis와 협력해 입학생 전원에게 한 쿼터quarter 동안 유학하는 기회도 제공하고 있습니다.

한국의 인구 문제가 심각해지고 있기 때문에 미래에는 반도체 산업의 많은 문제를 해외 인재 영입을 통해 해결해야 할 겁니

---

5 — 웨이퍼 표면에 제작된 트랜지스터들을 상호 연결하는 금속 배선을 메탈 라인이라고 부른다. 배선이 서로 꼬이지 않도록 여러 층으로 쌓아서 트랜지스터 상층부에 형성시키는데, 칩마다 다르지만 일반적으로 7개의 층, 많게는 13~15층까지 사용한다.

다. SK하이닉스, 삼성전자처럼 한국을 대표하는 반도체 제조사도 국적이 훨씬 다양한 인재를 가진 글로벌 기업이 되겠지요. 그만큼 앞으로의 교육은 다양한 해외 문화에 대한 이해, 그리고 서로 소통할 수 있는 국제적 역량을 높이는 데도 신경 써야 합니다.

석민구

훌륭한 인재가 많이 유입되면 모든 문제가 해결될 텐데, 아쉽게도 지금 반도체 산업은 인재난을 겪고 있습니다. 정부 차원에서 인재를 육성하는 정책도 도움이 되겠지만, 저는 조금 시각을 바꾸어서 왜 똑똑한 학생들이 반도체 분야를 선택하지 않는지를 생각해보았습니다. 이공계를 기피하거나 의대를 선호하는 현상도 영향을 미치겠지만, 어찌 됐든 반도체가 다른 분야보다 매력적이지 않다고 느끼기 때문이겠지요. 학생들 입장에서는 어떤 전공이나 직종을 택했을 때 따라오는 금전적 보상이나 업무 강도 등의 현실적 요소가 중요할 것입니다.

그런데 저는 학생들이 지나치게 국내 상황에만 갇혀서 생각하지 않으면 좋겠습니다. SK하이닉스, 삼성전자, 네이버 등등 모두 엄청나게 좋은 회사고 연봉도 많이 주지만, 시야를 더 넓히면 노동시장이 한국에만 있는 게 아닙니다. 해외 기업에서 일하는 상황까지 고려해서 연봉을 다시 계산해보기를 권합니다. 한국 안에서만 일하게 될 것이라는 고정관념을 버리면 더 좋은 기회를 해외에서 찾을 수도 있으니까요.

한국 사회가 개발도상국 시절부터 두뇌 유출brain drain 문제를 심각하게 생각해와서 그런지 학생들에게 해외 시장에 관해 적극적으로 알려주지 않는 것 같습니다. 하지만 저는 한국이라는 나라가 예전과 달라져서 이제는 언제든지 돌아올 만한 충분한 매력을 갖췄다고 생각합니다. 실제로 해외에 나가서 공부한 후 한국으로 돌아오는 경우가 많습니다. 박사 학위만 받고 바로 들어올 때보다 외국 기업에서 근무하여 경력과 전문성을 쌓고 국내에 영입될 때 더 높은 연봉을 받을 수 있지요. 이런 상황에서 우리나라가 정말 두뇌 유출을 걱정해야 하는지 잘 모르겠습니다. 정부나 교육기관이 지나치게 인재를 한국 안에만 확보해두려고 걱정하기보다는 전 세계로 뻗어 나갈 수 있게 선택지를 열어주면 좋겠습니다.

1장 | 최신 반도체 집적회로 설계 동향

그림 1-1   NVIDIA Grace Hopper Superchip Architecture In-Depth.
NVIDIA Technical Blog. Published November 10, 2022.
https://developer.nvidia.com/blog/nvidia-grace-hopper-
superchip-architecture-in-depth

그림 1-2   Kinvolk: Comparative Benchmark of Ampere eMAG, AMD
EPYC, and Intel XEON for Cloud-Native Workloads. Kinvolk.
Published November 15, 2019. https://kinvolk.io/blog/2019/11/
comparative-benchmark-of-ampere-emag-amd-epyc-
and-intel-xeon-for-cloud-native-workloads

그림 1-3   Samsung Newsroom Korea. Published October 12, 2021.
https://news.samsung.com/kr/삼성전자-업계-최선단-14나
노-euv-ddr5-d램-양산

그림 1-4   DRAM Market Size, Share, Trends, Growth, Opportunities
& Forecast. Verified Market Research. https://www.
verifiedmarketresearch.com/product/global-dram-market-
size-and-forecast-to-2025

그림 1-5   Lee S, Kang S, Lee J, et al. Hardware Architecture and Software Stack for PIM Based on Commercial DRAM Technology: Industrial Product. Published online June 1, 2021. doi:https://doi.org/10.1109/isca52012.2021.00013

그림 1-6   NAND Technology Development at SK hynix: Reaching New Heights. SK hynix Newsroom. Published October 27, 2022. https://news.skhynix.com/nand-development-history

그림 1-7   Tesla. Artificial Intelligence & Autopilot. Tesla. Published 2023. https://www.tesla.com/AI

표 1-1   Jouppi NP, Hyun Yoon D, Ashcraft M, et al. Ten Lessons From Three Generations Shaped Google's TPUv4i: Industrial Product. IEEE Xplore. doi:https://doi.org/10.1109/ISCA52012.2021.00010

2장 | 폰 노이만 구조의 한계를 뛰어넘는 차세대 아키텍처 설계

그림 2-1   Wikimedia.org. Accessed October 16, 2023. https://commons.wikimedia.org

그림 2-2   석민구 교수 제공

그림 2-3   Thompson NC, Spanuth S. The decline of computers as a general purpose technology. Communications of the ACM. 2021;64(3): 64-72. doi:https://doi.org/10.1145/3430936

그림 2-4, 2-5 석민구 교수 제공

그림 2-6 Wang D, Pavan Kumar Chundi, Sung Justin Kim, et al. Always-On, Sub-300-nW, Event-Driven Spiking Neural Network based on Spike-Driven Clock-Generation and Clock-and Power-Gating for an Ultra-Low-Power Intelligent Device. arXiv (Cornell University). Published online November 9, 2020. doi:https://doi.org/10.1109/a-sscc48613.2020.9336139

그림 2-7 Tsung-Yung Jonathan Chang, Chen YH, Chan WM, et al. A 5-nm 135-Mb SRAM in EUV and High-Mobility Channel FinFET Technology With Metal Coupling and Charge-Sharing Write-Assist Circuitry Schemes for High-Density and Low-V MIN Applications. IEEE Journal of Solid-state Circuits. 2021;56(1):179-187. doi:https://doi.org/10.1109/jssc.2020.3034241

그림 2-8 Hoang T. Cerebras Systems Unveils the Industry's First Trillion Transistor Chip. Cerebras. Published August 19, 2019. https://www.cerebras.net/press-release/cerebras-systems-unveils-the-industrys-first-trillion-transistor-chip

그림 2-9 EETimes. Is 3D IC The Next Big Profit Driver? EE Times. Published October 23, 2018. https://www.eetimes.com/is-3d-ic-the-next-big-profit-driver

표 2-1 Courbariaux M, Hubara I, Soudry D, El-Yaniv R, Bengio Y. Binarized Neural Networks: Training Deep Neural Networks with Weights and Activations Constrained to +1 or -1.

arXiv:160202830 [cs]. Published online March 17, 2016.
https://arxiv.org/abs/1602.02830

표 2-2   석민구 교수 제공

표 2-3   Liu E. Materials and Designs of Magnetic Tunnel Junctions
with Perpendicular Magnetic Anisotropy for High-Density
Memory Applications. Ph.D. Thesis. November 2018. TU
Leuven, Arenberg Doctoral School, Faculty of Engineering
Science.

표 2-4   석민구 교수 제공

3장 | 반도 채 몰라도 이해할 수 있는 반도체 기술

그림 3-1   Wikimedia.org. Accessed October 10, 2023. https://commons.
wikimedia.org

그림 3-2   신창환 교수 제공

그림 3-3   Intel. Intel: The Making of a Chip with 22nm/3D Transistors |
Intel. YouTube. Published online May 25, 2012. https://www.
youtube.com/watch?v=d9SWNLZvA8g

그림 3-4   신창환 교수 제공

그림 3-5   Shilov A. EETimes-Intel's 10nm Node: Past, Present, and

Future. EETimes. Published June 15, 2020. https://www.
eetimes.com/intels-10nm-node-past-present-and-future

그림 3-6, 3-7 [Editorial] Making Semiconductor History: Contextualizing
Samsung's Latest Transistor Technology. news.samsung.
com. Published May 16, 2019. https://news.samsung.com/
my/editorial-making-semiconductor-history-contextualizing-
samsungs-latest-transistor-technology

그림 3-8 신창환 교수 제공

그림 3-9 Jo J, Shin C. Negative Capacitance Field Effect Transistor
With Hysteresis-Free Sub-60-mV/Decade Switching. IEEE
Electron Device Letters. 2016;37(3):245-248. doi:https://doi.
org/10.1109/LED.2016.2523681

그림 3-10 신창환 교수 제공

4장 | 글로벌 반도체 기술 패권 경쟁과 공급망 재편

그림 4-1 신창환 교수 제공

그림 4-2 Ravi S. Strengthening the Global Semiconductor Supply
Chain in an Uncertain Era. Semiconductor Industry
Association. Published 2021. https://www.semiconductors.
org/strengthening-the-global-semiconductor-supply-chain-
in-an-uncertain-era/

그림 4-3 TrendForce | TrendForce-Market research, price trend of DRAM, NAND Flash, LEDs, TFT-LCD and green energy, PV. TrendForce. Accessed October 10, 2023. https://www.trendforce.com

그림 4-4 Semiconductor Industry Association. Accessed October 10, 2023. https://www.semiconductors.org

그림 4-5 신창환 교수, mySUNI(https://mysuni.sk.com) 제공

그림 4-6 신창환 교수 제공

그림 4-7 땅집Go. Published April 14, 2022. https://realty.chosun.com/site/data/html_dir/2022/04/14/2022041401293.html

그림 4-8 신창환 교수 제공

5장 | 글로벌 반도체 산업의 주요 이슈와 미래 전망

그림 5-1 연합뉴스. Published October 13, 2022. https://www.yna.co.kr/view/GYH20221013000600044

표 5-1, 5-2 권석준 교수 제공

차세대 반도체

© 최종현학술원 2023

1판 1쇄 발행	2023년 12월 29일
1판 2쇄 발행	2024년 1월 31일

기획	최종현학술원(Chey Institute for Advanced Studies)
지은이	석민구·신창환·권석준
편집·교정·교열	최종현학술원 과학혁신1팀(정민선·김성원·박유원)

펴낸이	박남주
편집자	박지연·강진홍
디자인	책은우주다
펴낸곳	플루토

출판등록	2014년 9월 11일 제2014-61호
주소	07803 서울특별시 강서구 공항대로 237(마곡동) 에이스타워 마곡 1204호
전화	070-4234-5134
팩스	0303-3441-5134
전자우편	theplutobooker@gmail.com
ISBN	979-11-88569-56-4 93560